大是文化

1%の違い
世界のエリートが大事にする「基本の先」には何があるのか?

你和麥肯錫菁英的差別只有1%

我在高盛、麥肯錫、哈佛學到的，
「不用做到死也能被看見」
的菁英工作法。

曾任職高盛銀行、麥肯錫顧問公司
戶塚隆將◎著
李友君◎譯

推薦序一　彌補邏輯思考與表達能力，便能在國際中更上層樓／詹文男　7
推薦序二　國際頂尖人士，比一般人「多一點」的差距／吳秀倫　11
推薦序三　這一%的不同，讓職涯無限寬廣／張力仁　15
前　言　一%的差別，九九%的人沒有察覺　17

CHAPTER 1

高盛、麥肯錫的菁英這樣開會　23

1　參加任何會議，都要讓自己被看見　25
2　菁英開口永遠先說結論，再講依據　30
3　與人意見相左時，先尊重再反駁　34
4　我用一個問句搶回發言權　38
5　說「我相信」，而不是「我覺得」　41

CONTENTS

6 麥肯錫，從來沒有「誰說了算」 44
7 賈伯斯也在用的結構式表達 48

CHAPTER 2

關於競爭與合作，我們這樣定義 53

1 高盛的競爭來自「戰友」文化 55
2 團隊合作不代表彼此要和睦相處 59
3 事前疏通這件事，何時該做何時不能做？ 63
4 沒把握的事別先貿然努力 67
5 主管要的是你的成果，不是工時 72
6 星期五的晚上，菁英不工作 75
7 老派社交之必要 79
8 商場上可以問和不能問的問題 84

CHAPTER 3

菁英的說話方式，跟你哪裡不一樣 89

1 好的自我介紹，要連說三次對方姓名 91
2 每天早上，你用哪一句話當問候語？ 97
3 音量就是膽量，不論哪個國家都一樣 101
4 穿著的關鍵，在於能否獲顧客共鳴 106
5 約客戶開會不如約「一起吃早餐」吧 110
6 一起打高爾夫球，客戶就會變朋友 114
7 母國大小事，最適合當跨國聊天話題 117

CHAPTER 4

我這樣「練英文」，任職外商無障礙 121

1 說好商業英文的四大關鍵 123

2 以對方的步調傾聽，以自己的節奏說話 126
3 賣弄口才，適得其反 129
4 遇到開放式問題，用封閉式方法回答 132
5 「還好」，最吃虧的一種回答 136
6 一對一交談，你得贏在氣場 139
7 平日就要多練習用非母語交談 141
8 敬語的正確使用方式 144
9 想學好外語，你得翻破字典 148
10 別在「空檔時間」學英文 151

CHAPTER 5

打開菁英的履歷表

155
1 一定要以「主動語態」撰寫 157

2 我在麥肯錫學到的三大自薦法 161
3 誰說學歷不重要 167
4 但，學歷不等於學校名 171
5 嫉妒同事升遷，只會凸顯自己幼稚 174
6 動不動就怪學校教育的人，不會成長 178

後記 你和麥肯錫菁英的差別，只有一% 181

推薦序一

彌補邏輯思考與表達能力，便能在國際中更上層樓

資策會產業情報研究所（MIC）資深顧問、臺大管理學院兼任教授

／詹文男

從事政府智庫及產業顧問的工作三十餘年，參與各種政府或民間大大小小的會議，從政策討論、產業發展、企業策略，到各種部門會議，發現因為溝通能力不足及邏輯不通，以致造成發言盈庭但言不及義的現象越來越嚴重。

到底這些離題演出是有意為之，還是思路有問題？原因可能兩者都有，但不可否認的，只顧自我表達完全不考慮他人想法，以及邏輯思考能力不足，以致各說各話，甚至發言內容不一定和主題相關等問題，都將使得組織生產力下降，這對國家、產業及企業都會造成不良的影響。

首先來看溝通表達能力不足的問題。這似乎在辦公室極為常見，從許多坊間提供的教育訓練課程中，溝通的課程一直屹立不搖，就知道此問題的嚴重性。尤其現代人，大都重視自己的感受而忽視團體的利益，因而常造成組織的困擾，進而影響辦公室的生產力。

其次是邏輯思考能力弱化的問題，這也是生產力的殺手，而且問題的嚴重性絕不亞於溝通表達。我們常看到在許多會議上，很多人的發言不是過於重視細節，就是文不對題，能對於會議主題有建設性的意見者實在不多。或許一個社會對不同觀點應有更多的包容，但就事論事，這樣的會議成效實在有很大的改善空間。

但仔細思考，問題根源在哪裡？一部分原因恐怕是學校教育缺乏邏輯思考的訓練及培養。上述提及的問題並非特例，筆者在許多演講及訓練的課程中，觀察時下的上班族，發覺他們對自己的能力相當有自信，不過創意有餘，但思考不足，尤其是邏輯方面，一個研究報告，前後推論常常沒有交集，研究內容多見廣度而少有深度，這樣如何能有更多的進步呢？

《你和麥肯錫菁英的差別，只有一%》剛好對以上問題提供了一些解方。本書作者是哈佛大學MBA，曾在高盛銀行、麥肯錫顧問公司工作，之後創業，致力培訓國際化人才。他將在哈佛大學MBA求學，以及在這些頂尖外商工作的經驗與觀察，就溝通表達、團隊合作、人際關係和自我表現、及邏輯思考等構面，對上班族提出建議與忠告。對希望在全球化人才競爭中能夠更上一層樓的上班族來說，此書值得一讀！

推薦序二

國際頂尖人士，比一般人「多一點」的差距

智策慧品牌顧問公司董事總經理／吳秀倫

這是我第二次為麥肯錫人才相關書籍寫序文，這本書跟一般跨國管理顧問公司所出版的高階主管看的領導管理叢書，在取材上有很大不同。

作者從多年前的第一本著作《為什麼世界頂尖人士都重視這樣的基本功？》，到現在這本《你和麥肯錫菁英的差別，只有一％》，都詳細記載他任職於麥肯錫顧問公司與高盛銀行期間，觀察到跨國企業的國際頂尖人

才，他們的共同觀念、價值觀和工作習慣，這些商場成功的不變真理，非常值得職場人士參考。

本書提到，國際領導菁英與一般商務人士之間有著一%的不同，這裡指的不是在於自身能力有多強，而是好的價值觀與工作習慣。書中舉例頂尖人才，他們擅長問為什麼及目的目標；主動表達立場，先說結論再說依據；尊重他人言論再反駁；重視傾聽，說話有邏輯有聲量；回答問題簡潔直搗核心；英文不求流利，但求簡潔完整；會主動說「我成為」取代「我被任命」；利用早餐取代午晚餐交流會；主管非萬能，應勇於指正主管錯誤；重視團隊多於個人表現等。

二十多年前，我與品牌策略大師陳茂鴻，共同創辦了智策慧品牌顧問公司，長久以來我們致力解決企業品牌問題、推動行銷數位轉型成長，與非常多國際頂尖顧問合作過，同樣發現這些優秀專家，如同作者描述，擁有比一般人「多一點」的差距，他們思辨清楚一點、談吐自信一點、相對積極一點、說話有重點、重視時間、願景大膽一點、做事細膩一點，他們追求與其他人的一％差異，來創造不同。

過去我常奔波畢業生演講致詞，曾經有大四畢業生問我，現在薪水應該要多少才合理？我跟他分享我自己的經歷：在還沒進入顧問業之前，我曾任職三商巧福副店長、科技公司管理部，大學時為進入顧問業，主動寫自薦信給心中理想的公司，並提出我可以為公司貢獻什麼價值。很幸運的，其中一家公司的董事長親自約我面談，董事長覺得我很特別，就很誠實的告訴我這個助理位置，會比我過去五年資歷的薪水少四千，問我可否接受？我回答：「薪資依公司認知價值與規定辦理。」半年後，這位老闆自動補回四千差價，並再另加碼三千薪資。

我提醒同學：「別在還沒長大時，就先對工作與薪水斤斤計較。價值是自己創造出來的。」計較前先問自己可能的貢獻，或是有沒有做到老闆心中對等價值的付出。先調整自己應該要有的職場觀念與工作習慣，才是上策。

適逢畢業季，對即將進入職場的新鮮人、或是想成為國際頂尖人士的商務人士，相信這本書能提供一個自我思辨的好機會。建議從現在開始，發展你未來的最棒工作藍圖，突破你的職涯、勇敢逐夢，成為一％與眾不同的你。

推薦序三

這一%的不同，讓職涯無限寬廣

知名企業輔導與職涯顧問／張力仁

在職涯輔導的過程中，我都會建議求職者在履歷表中，特別加上「我相信」，例如，「我相信我的人格特質與工作經驗，正是貴公司所需要的人才……。」這看似簡單的三個字，往往是決定自己能否獲得約訪面試的重要關鍵。

國際舞臺上的成功人士，和一般上班族到底哪裡不一樣？乍看之下，處理工作的方式大都雷同，但若仔細觀察就會發現，這個些微不同，就是獲得成功的祕訣，也就是本書強調的一%差別。

我很喜歡書中提到，身為國際菁英雖然有自己的立場，但會先傾聽對方的意見，再提出自己的看法；回答簡潔且明確，比冗長說明，更能讓對方留下強烈印象；以及主動出擊，讓主管指派你做自己想做的工作。這些看似平常的習慣，九九%的人容易忽略，卻會成為職場中非常重要的成功關鍵。

只需強化這一%不同，我們的職涯路徑就會無限寬廣，誠摯推薦這本職場必修的好書。

前言

一%的差別，九九%的人沒有察覺

從第一本著作《為什麼世界頂尖人士都重視這樣的基本功？》（天下文化）出版算起，已經過了五年以上。

那本書介紹了我在高盛銀行（以下簡稱高盛）、麥肯錫顧問公司任職和在哈佛商學院就讀期間，從尊敬的主管、前輩、同事和同學身上，學到的國際頂尖人士共同觀念、價值觀和工作習慣等。系列作包括韓國、中國、臺灣和香港的譯本在內，發行量累計三十五萬冊，我也收到許多來自讀者的感想。

其中有段評論讓人印象深刻。

那段評論主要是說：「還以為既然是『世界頂尖人士重視的要素』，想必寫的是艱澀難懂的東西吧？結果竟然是自己也能馬上實踐的事情。」而且類似的內容相當多。

請容我在此簡單自我介紹。我在大學畢業之後，就以應屆畢業資格進入高盛，並以投資銀行家的身分，從事美日歐亞企業的併購諮詢業務。爾後我在哈佛商學院自費留學，取得工商管理碩士（ＭＢＡ）學位，結業之後，就以麥肯錫企管顧問的身分，參與多國企業的策略諮詢。

我在二〇〇七年創業，現在專門協助培養企業國際化人才。另外還以商務人士為對象，主持專業英語學習課程「Veritas English」，前來聽課的主要是二十幾歲到五十幾歲的商務人士。

從展開培養國際化人才的工作算起，大約過了七年，在接觸許多日本商務人士的過程中，我常認為這些商務人士大材小用。

許多人在現在的崗位上已經獲得成果，受到公司和周圍的期待，不少人也意識到「想要從事更好的工作」、「想要對社會有所貢獻」、「想要不斷成長」，但假如他們在工作上聽到涉及國際和世界相關的字眼，就會喪失自信。即使外派工作遇到一點失敗，也會認為是自己的海外經驗太少，覺得這份工作做不來，或是在英文會議上不能侃侃而談，就會產生負面思想：「雖然夢想是要在國際工作，但自己或許不能勝任。」每當我看到這樣的案例，就會覺得：「這個人的表現這麼出色，卻待在這種小公司，真是大材小用……難道沒有辦法改善嗎？」

你與國際菁英，只有一%差距

如果我們在母國出生和成長，從小到大只接受過本土教育，是不是就沒辦法縱橫國際？一定需要小小年紀就出國念書，或有留學的經驗嗎？

事實並非如此。

我這樣說是有根據的。**活躍於高盛和麥肯錫的日本前主管和前輩當中，就有很多人小時候既沒待過國外，也沒有留學經驗**，都跟我一樣生於日本，從小到大接受日本教育。我們這種背景的人卻能縱橫國際舞臺，更能博得國外同事和客戶莫大的尊敬。

那麼，那些縱橫國際舞臺的商務人士，和一般商務人士哪裡不一樣？乍看之下，雙方處理工作的方式其實都一樣，但若仔細觀察就會發現，一般員工與菁英的態度和行動，只有些微差異。這個些微，就是獲得成果的祕訣。我將它命名為「一％差別」。這是九九％的人沒有察覺、沒有實踐的細微之差。

一％差別，形容得具體一點，其實就是目標設定的不同，以及平常養成的習慣和態度上的些微差異。就算做同份工作，但能否認知到差別，將會影響到成果。差異可以大到有些人能在國際上大放異彩，有些人則否。

想要掌握一％差別不難。雖然其中需要你付出努力和時間學習，但大都簡單到只要做好心理準備即可達成，或是單純在現在的工作當中，稍微改變觀點。這是人人都可以馬上實踐的方法。

本書在介紹一％差別時會分門別類：參與會議的重點、團隊合作的觀念、自我表現的方法、關於人際關係的認知、學習英文的祕訣，以及職業生涯和探討自我實現等，還會一併告訴各位實務上該怎麼彌補差距。每一章都會寫出具體的解決方案。接下來，我們就來看看一％的差別吧。

Chapter 1

高盛、麥肯錫的菁英這樣開會

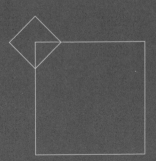

1 參加任何會議，都要讓自己被看見

在國際中，無論什麼樣的會議，大家都會把沒有發言，視為沒有意見，而沒有意見的人，甚至根本不需要待在會議現場，因為大家會認為這個人缺乏存在價值。

亞洲人較不習慣爭論，發言時常將主要目標放在共享知識和資訊上，多半不會直接回答是與否，來闡明自己的立場。

我在高盛經辦日本企業的併購諮詢案時，有很多機會和日本大型企業管理階層的相關人士共事。這些人很會分析資料、歸納資訊，個個頭腦清晰、出類拔萃。

例如，某個議題有A方案和B方案可以選。他們通常會替每個方案附上相關說明，添加比較表，並歸納A方案和B方案的優缺點。這些資料個個都一針見血，卓越非凡。不過，這些分析都不會明確記錄他們本身的立場，也就是不會寫出該採用哪個方案。他們認為，做決定是企業經營者或主管的工作。因此，假如你詢問這些製作資料的人的看法，對方就會詞窮。這不是當事人能力的問題，單純只是他們不習慣闡明自己的立場。

我主持的商務英語學習課程上，也看得到這種現象。課堂中會訓練學員透過「斷言寫作法」來表明自己的立場。然而學員常在陳述自己的角度之前，不自覺會提出多餘的開場白，例如：「假如由我來做，很可能會……。」「或許很多人會反對，但是我認為最好是……。」結論前後會附帶緩和自己立場的字句，如此立場就會變得不明確，難以傳達給閱覽人知道。

這背後的原因，除了亞洲人不習慣表達自身立場外，還有不自覺啟動的防禦意識，避免打破自己跟反對意見者之間的和睦。另外，對自己的意見沒信心也是一大原因。

看新聞時，訓練自己如何有意見

我在高盛工作時，主管會針對議題，劈頭詢問每個人的立場。這件事該做還是不該做，這樣好還是不好——無論正確與否，都會要求員工表達自己的立場。因此，假如你沒有闡明立場卻又滔滔不絕，別人一定會追問：「所以結論是什麼？」「你的根據是什麼？」闡明觀點後，討論自然會踴躍起來，也會出現贊成方與反對派，這都很正常。

高盛的會議當中，人人都樂於聆聽對方的發言，即使和自己的意見不同，也會聽到最後不打岔。之所以將對方的話聽到最後，是為了理解對方提出的根據，如果可以接受就贊成，不能就反對。所以就算有人反對，也不會動搖，反而期待其他人五花八門的意見。記得要勇於闡明立場並提出各種意見。

哈佛商學院也一樣。他們的教學設計理念，不是要學生被動聽教授上課，而是能從同學的發言中獲得學問。因此，學生都要好好聽完對方說的話後才能議論，中途不可插嘴。

課堂也好，會議也罷，我們應當追求的目標不是單純發言，而是人人都擁有自己的意見，並積極的告訴他人，再從彼此的發言中獲得學問和想法。因此，單憑一部分人的討論會遇到瓶頸，要全體成員互相提出意見，學問和想法才能愈益深化。

那麼，該怎麼闡明立場？其中一個方法：在看新聞的同時自問自答。

針對節目主持人和評論員說的話，感想不要僅只於有趣或無趣，而要思考一下自己遇到這種情況會怎麼回答。訓練自己無論遇到什麼事情，都要擁有自己的觀點。另外，參加小型洽談或日常會議時，也一定要養成此習慣才會有效。沒有發言機會時，更要在自己心中事先歸納立場和準備好根據。只要持之以恆，自然就會培養出習慣。

2 菁英開口永遠先說結論，再講依據

「你先從結論講起。」當各位讀者還是公司菜鳥時，主管和前輩是不是也有這樣告訴過你？

說話先說結論，是商務人士的基本功之一，接著你該認知到，結論一定要搭配根據，也就是原因為何。

特別在國際企業，要跟各色人種和不同背景的人共事，結論（這裡可以替換成立場或意見）不一樣是常態，所以與其重視結論，不如重視導出結論的根據。

結論和根據之間要有連接

結論和根據之間應有的銜接，要以箭頭展現出「根據→結論」。這種箭頭所代表的是邏輯思考和表達。

只要打開關於邏輯思考的書，就會看到MECE（分析課題時，既無遺漏也無重複的邏輯思考途徑）和其他艱澀的說明。然而，在商務領域中沒必要想得那麼複雜。重點在於結論和根據之間的邏輯，這才是邏輯思考的基本功。只要箭頭成立，就等於支持結論的根據很明確。要是沒有根據，結論就薄弱無力，但沒有結論，就不會有根據。正因為結論和根據相輔相成，訊息才會強而有力，讓人心服口服。箭頭是不可或缺的存在。世人口中精明能幹的人，尤其是各界的一流人士，更會將箭頭踏踏實實逐一畫上去。

這是我在高盛工作時的事情。當時我有機會參與一項併購專案，服務對象是代表日本的世界級企業家，為期一年半。令人印象深刻的是，那位企業家所提出的問題非常簡單。

企業家會逐一解決課題，反覆提出簡單的疑問以求導出結論，親眼見識到他在腦中的思考過程，令我為之震撼。除此之外，這位企業家還做出數千億日圓規模的巨大經營判斷。這段經驗讓我強烈感受到，要在商場上進行重大決策時，重點是簡單的邏輯思考。

我們平常很少會遇到有人追問根據為何。即使如此，如果工作上有機會陳述自己的意見，也要習慣將結論和根據搭配講，再以箭頭銜接兩者，檢查彼此間邏輯是否有不自然之處。假設你能做到這種程度，邏輯思考能力與說服力自然就會提升。

什麼是MECE？

Mutually Exclusive Collectively Exhaustive 的縮寫，讀成 me-see，意指相互獨立，毫無遺漏。這是麥肯錫提出的分析問題方法，原則是把整個問題細分為各個項目，然後檢查每個項目是否做到不重複、不遺漏。

3

與人意見相左時，先尊重再反駁

開會時，若要討論出最佳結論，需要與會者踴躍發言。想要發言踴躍有一個訣竅，那就是別正面否定對方的意見。

或許大家會覺得意外，不過哈佛商學院也是如此。即使是愛好爭辯的學生齊聚一堂，也不常正面否定對方的意見。

另一方面，我們所熟知的會議，和哈佛商學院的討論會有很大的差異。**在哈佛商學院中，即使有一定的共識，也要表明不同意的地方**，這樣一來討論非但不會停滯，反而會更踴躍。

英文討論會上經常使用緩衝語句，有助於在向對方表示敬意的同時提出反駁。哈佛商學院的學生正是活用緩衝語句的高手。比方說，一方面贊同對方的部分意見，一方面也要巧妙的穿插自己的意見時，就會說：「That's an interesting point, but I also have an idea about that...」（這個觀點很有意思，不過我還有一個意見……。）

還有一種表達方式，是平穩的展現不同意的態度，同時陳述自己的意見：「Let me see..., I'm not sure if I agree with what you said.」（嗯……讓我想一想。我並不完全同意你剛才說的話），尊重發言者，一邊表現出顧慮的樣子，一邊陳述反對意見。

如以上所言，哈佛商學院學生不會直截了當的說：「我反對你的意見！」他們會謙虛的專心聽別人說話，而且會在顧慮對方的同時，充分傳達自己的意見。原本我還以為喜歡發言的學生會互相否定，像吵架一樣的討論，入學之後才發現事實並非如此。

在國際環境當中，眾人的意見都會不同，所以需要傾聽、理解和尊重對方的意見，並深入討論。最重要的是，在提出意見的同時，尊重多元價值觀。

有憑據，討論更具體

這時該注意的是根據。假如你**著眼於對方的根據而不只是結論，討論就能更加具體**。這是不正面否定對方的優點。例如，「藍色比較好」、「不，紅色好」這種結論互相衝突時，就很難吵出結果。既然是喜好問題，吵半天也只是浪費唇舌。

然而，假如是有憑據的說話方式，討論的內容就會有建設性，反對意見也會有效激發討論。例如：「如果要清爽感，就選藍色。」「清爽感也不錯，但這裡該重視的是熱情吧？這樣就要選紅色。」「不過這時該以清爽感還是熱情優先？只要決定好，自然就可以選定顏色。」

就算結論不同，但只要思考該以清爽感還是熱情為優先，就不容易演變成情緒化的爭執。要記得留意對方的根據，並深入討論，這樣就能促進各位踴躍交流意見，帶領團隊提升層次。

假設在明天會議上，你和主管或同事的意見相反，你就要積極陳述反對意見，然後注意傾聽對方的理由，了解之後，再試著搭配別的依據，來陳述反對意見。

只要**強調依據**，**就不會激發彼此對立**，說服力也會提升。最後更加理解彼此的意見，就可以得出雙方都能接受的結論。

4 我用一個問句搶回發言權

以下要介紹一個直探本質的幽默種族笑話：「讓印度人閉嘴和讓日本人開口同樣困難。」

國際職場中，出席會議的人來自世界各國，而參加會議的各色人士當中，誰將掌握會議的主導權？主席是要讓議事能夠順利進行，但若談到發言量多寡，則屬印度同事（同學）的發言量最多。

他們只要一有機會就會開口。即使沒有輪到自己，只要稍微有個空檔也會插嘴。一般來說，美國人和中國人的自我主張也很強烈，發言量也很多，但印度人往往在這之上。

當初我看到在會議上侃侃而談的印度人，就跟著努力發言以免輸給他們。但不管再怎麼說，都沒有勝算。日本人的自我主張原本就不強，反觀印度人，他們則會堅持到底，而且有很多人是說英語長大的。那麼，日本商務人士該怎麼在國際會議上發揮存在感？這時應該活用日本人的強項，別硬要和他們站上同樣的起跑線上。

例如，計算能力強，堪稱是日本人的強項之一。這裡所指的，也包含位數少的四則運算。日本的學校教育重視計算練習，所以從國際角度來看，日本人的平均計算速度很快。

假如在會議現場當中，遇到計算相關的討論時，我就會積極發言。但這需要預先複習，以便自己能用英文完整表達。

想在會議上發揮存在感的另一個訣竅，就是詢問「What if～?」（要是……會……）。例如，母語是英文的同事如連珠炮般發言時，就要在了解內容之後，開口說「What if～?」，指出前提假設的可疑處，和邏輯不謹慎的地方。

使用 What if 問句之後，就可以在條件改變時，解釋結論會怎麼改變。只要能夠有效使用，就可能產生新觀點和意見。

What if 問句，在哈佛商學院的課程當中也很管用。教室裡有來自各國的學生，我就讀的班級中，人數較多的有美國人、印度人、埃及人和中國人等，反之，人數較少的則有日本人、瑞士人、韓國人、智利人和保加利亞人等。

哈佛商學院課程的討論會，每一次都會趨近白熱化，而當你想要提出嶄新觀點來打破現狀，What if 是很好用的句子。能夠有邏輯的歸納討論內容的人才，在國際場合中彌足珍貴。

當會議討論快要變成聲音大的人說了算時，不妨使用 What if 問句，這樣你的存在價值或許就會提高。

5 說「我相信」，而不是「我覺得」

這是我在高盛參加某個專案時的事情。那天，我從早上開始就情緒高昂，因為我景仰的主管將會直接點評我所製作的資料。

原本期待主管會針對資料的分析內容，提出各式各樣的建議，但出乎意料的，主管幾乎沒有指正內容的部分。不過，文章的寫法倒是澈底被修改。主管將文件唸過一遍，指出「這裡很薄弱」、「想說服周圍的人就要這樣寫，語氣要斷定」，同時依序將文中的「我覺得」改成「我相信」。

接著，那位主管繼續說：「內容分析很出色。既然內容扎實又可靠，就要自信的表達出來。」那位主管無論是用日文或英文說話，都充滿邏輯和自信，說服能力凌駕於他人之上。

當時的我沒有深入思考，我覺得和我相信哪裡不同。然而，經過主管的指正之後，我才注意到發言者的語氣會大幅改變結果。

商務場合中，菁英不說「我覺得」

「我相信」，這種表達方式為什麼會增加說服力？因為這會讓人說出原因和根據。正由於根據明確，這個用法才能提升說服力。

從英文來看，我覺得和我相信的不同處就更淺顯易懂了。「I think～」會用在沒有根據、模稜兩可的時候，反觀「I believe～」則會為接下來的文章帶來結論和根據。開頭用「I believe～」，可以在一開始就提出結論，並藉此強迫自己尋找依據。

我相信、I believe～在報聯商（報告、聯絡、商量）時也能派上用場。「我相信這件事可以……原因在於……請問可以這樣進行嗎？」只要這樣提醒對方，工作大都會進行得更順利。主管會明白你的想法及其根據，容易做出判斷。

試著**將「我相信」變成口頭禪**，如此就能增進說服力，也會提升別人對你的信賴。

6 麥肯錫，從來沒有「誰說了算」

麥肯錫的風氣之一，就是員工在會議上很踴躍發言。年輕員工會坦然陳述意見，不揣摩主管和前輩的心思；主管和前輩則會正面接受年輕人的反駁和挑剔，仔細傾聽。年輕人以零基礎思考（zero-based thinking，不受限於過去的資訊，從零思考）的方式，重新評估主管前輩們的意見，有時還會嘗試推翻，那勇敢的模樣讓人樂觀其成。

為什麼麥肯錫的年輕員工，面對歷練勝於自己的主管和前輩，也能坦然發言？其中有兩個原因。

第一個原因是，麥肯錫的企業文化重視別人說了什麼，而非誰說了算。能否在會議中獲得讚譽，和職位、資歷、年齡、性別和外表等因素無關，而是這個人的發言本身，對於客戶或推動專案來說有沒有價值。

第二個原因則是麥肯錫習慣基於事實發言，認為用數字或資料這些事實來說話，才會產生價值，而不仰賴模糊的推測或迷思。

以為是常識的事經過仔細調查後，往往會發現那是迷思，所以不能囿於常識或過去的經驗，而是要以零基礎思考的方式拋出疑問，蒐集資訊和分析事實，再加以變革。這正是策略顧問的工作和麥肯錫所傳授的觀念。

要基於事實說出什麼內容——就因為企業風氣將重心放在這一點，員工才能暢所欲言，無須為了年紀較輕和資歷尚淺而有所顧忌。

我就曾經被年輕員工點出「沒有根據」、「沒有數字佐證」，以至於招架不住。這跟進入公司的年次無關，大家就只是將該說的說出來而已。被年輕員工指出問題時，用不著覺得沒面子，他們指出錯誤並不是針對發言者，只是想讓討論變得更有價值。只要明白這一點，想必就能冷靜接受客觀的指正，反過來感謝對方點出問題。

誠摯傾聽年輕員工的意見

年輕員工若能踴躍表達，就能激發組織。只要邏輯事實站得住腳，自己的意見就有機會通過，這種充滿希望的環境，會燃起一個人的幹勁，尤其對年輕員工更是如此。而老一輩則會持續接收刺激，還能藉由年輕人的觀點獲得新發現。

那麼，我們開會時該怎麼做？

首先，假如你是主管或前輩，就要營造容易讓熟悉作業現場，且行動敏捷的年輕人說話的環境。特別是年紀越大的人，就會離作業現場越遠，這時就要傾聽年輕人在作業現場的心聲。

你在會議上發言時，周圍的反應如何？缺乏事實根據時，會有人反駁或挑剔嗎？就算你的發言稍微不合事實根據，部屬和同僚也不會出聲提醒，甚至忽略不計，若真如此，就表示你正在舒適圈中。以後周圍的人沒有提出反駁或別種方案時，你則要主動詢問。

假如你是年輕人，則不要顧慮自己資歷尚淺，你應該事先準備好事實根據，再參加會議和磋商。不妨在能活用自己的專業和知識的範圍中積極發言。像是行動裝置、網路、ＡＩ和區塊鏈等科技領域，主動分享自己的想法。

尊重別人說的話，既是自己該秉持的態度，也是對周遭人士的要求，能否建立此文化，取決於我們每個人的努力。這種態度會活絡會議和磋商，進而獲得更好的成果。

7 賈伯斯也在用的結構式表達

商場上的溝通都是先說結論。反觀傳統教育則會學習起承轉合的文章結構。這種結構會讓故事具有臨場感，讓讀者或聽眾覺得有趣不會膩。

起承轉合最大的特徵，在於開頭不陳述結論，改為最後再提，這在特定的情況下才會比較有效。

接下來，我要介紹能有效發揮起承轉合的例子。

蘋果創辦人史蒂夫・賈伯斯（Steve Jobs），在史丹佛大學畢業典禮上的演講，整體結構富有邏輯。賈伯斯在開頭說：「I want to tell you three stories from my life.」（我想告訴你們我人生中的三個故事。）之後，就接著講出三個故事：「The first story is～. My second story is～. My third story is～.」

然而，賈伯斯在演講的尾聲，大膽打亂段落，運用起承轉合。在講完第三個故事之後，賈伯斯就從容不迫的說：

起：「When I was young, there was an amazing publication called *The Whole Earth Catalog*,」（我年輕時有一本很棒的雜誌叫《全球概覽》。）

賈伯斯突然講起別的事情，想必聽眾應該目瞪口呆。別說是結論了，這件事跟演講內容似乎沒有什麼關係，相信聽眾都是一頭霧水。

承：「which was one of the bibles of my generation.」（是我們這一代的經典之一。）

到這裡，聽眾還不知道發生了什麼事。但下一句就出現了轉折。

轉：「On the back cover of their final issue~. Beneath it were the words: "Stay Hungry. Stay Foolish."」（最後一期封底的最下方有一句話：「求知若飢，虛心若愚。」）

接著在最後陳述結論。

合：「I wish that for you. Stay Hungry. Stay Foolish.」（我以這句話祝福你們。求知若飢，虛心若愚。）

假如沒有聽到最後，就不曉得為什麼賈伯斯會談到青年時代的經典。如果依照先結論再根據的順序傳達訊息，就會變成下面這樣：「我以『求知若飢，虛心若愚』這句話祝福你們，這是我年輕時最為感動的一句話。這句話印在一本叫做《全球概覽》的雜誌上，這本雜誌是我們這一代的經典，而最後一期的封底上印著這句話，讓我印象深刻。」這句話若不活用起承轉合，就不會留給聽眾深刻印象。

賈伯斯演講的戲劇效果，也曾活用在蘋果的新產品發表會上。直到最後都不揭露新商品是什麼、為了什麼舉行發表會，硬是到最後的最後，才從口袋裡拿出 iPhone。賈伯斯的起承轉合技巧相當高明。而我們只要先做好以結論和根據，歸納前因後果即可。

我主持的商務英語課程中會練習邏輯寫作，針對一個主題寫出自己的意見。雖然講師會指導學員將結論寫在開頭，羅列幾個依據佐證後，再將同樣的結論換句話說拿來收尾，但學員們最後寫出的結論，往往和開始的不同，因為學員會從一開始的結論中，衍生出別的結論，並用於收尾。

首先要釐清結論和根據，再以結論包夾根據的結構表達。從賈伯斯的演講中可以看出，起承轉合中一樣少不了結論和根據。要是沒有這些，就算使用再高明的技巧，也無法有效傳達訊息。

只要好好學習以結論包夾根據的表達方法，就可以運用起承轉合或其他技巧，假如有機會構思長篇演講和文章，且能夠花時間好好準備時，就可以試試看。請按部就班練習為結構增添變化。

Chapter 2

關於競爭與合作，我們這樣定義

1 高盛的競爭來自「戰友」文化

外商顧問公司和金融界常說「不晉升就離職」（up or out）。就如字面意思，大環境充滿激烈競爭，不一定每間公司都有終身僱用制度。而在這種競爭下工作的人，時時刻刻都會被嚴格要求拿出成果。

然而，高盛一反這樣的印象，很少員工只顧追逐個人利益，反而具備堅強的合作精神，關心工作夥伴，努力為團隊做出貢獻。若要精確形容高盛所展現的團隊合作文化，就要用「彼此分享」這個詞。「施與受」則是用來形容團隊內相互依賴的關係。

施與受的概念，明確劃分給予方與接受方。自己給了什麼之後，就會期待對方報答。反觀彼此分享，沒有明確規定給予方與接受方，因此每個人會積極分享自己所能提供的知識、經驗和勞力給團隊。

這並不像施與受，是在因為獲得什麼，所以下次要回報的意識下做出的行為。分享與分享的目標，是透過分享為團隊貢獻成果，若能對團隊有所貢獻，任誰都會開心，且自己的存在價值也能獲得團隊認可，這就是自我實現。分享與分享，既不是利己主義，也不是利他主義，說穿了就是在團隊中蘊含自我實現的「利團隊主義」。

說到利團隊主義，就讓我想起一則小故事。

我以前參與過為期超過一年的企業併購專案，那段時間連日工作到深夜，幾度遇到嚴苛的局面，我不只一次擔心這項專案或許會停擺。

有一天，跟客戶的漫長會談結束之後，專案成員們就決定一起去吃個飯。在我們吃晚餐時，主管喃喃道：「假如這項專案順利成功，我就會覺得這個團隊的成員像戰友一樣了。」當時，我不太了解主管口中的戰友指的是什麼，然而現在回想起來，我已非常能明白戰友的含意。

我們吃完晚餐、離開店裡，沒有受到任何人的強迫，就集體回到辦公室繼續加班。明明可以回家，但每個人還是回到各自的崗位上工作，以求拿出團隊成果。當每個人都想盡自己最大的力量去貢獻時，自然就會回去幹活。

後來，這項專案很成功。

獲得最大的團隊成果，最終也能達成團隊成員的自我實現。這可以說是積極將自己的力量彼此分享之後，才能獲得的成果。

問自己能貢獻什麼

要實踐彼此分享，就要先問自己，能為團隊做出什麼貢獻。不斷反思之後，就會掌握自己的能力，了解自己擁有的知識和經驗，進而主動分享給團隊。

只要記得藉由自己的工作拉抬團隊成果，不僅會提高自己的領導能力，也會提升個人在團體的存在價值，團隊成員更會感激你。這也是一種自我實現。

彼此分享既是為了團隊，也是為了自己。

2 團隊合作不代表彼此要和睦相處

很多人對跨國公司的印象是重視個人績效，尤其外資金融和顧問業界更是如此。相信也有不少讀者認為，這種競爭強烈的職場中，應該只有擁有強烈野心的人，才能嶄露頭角。

然而高盛卻不一樣。進入公司之前，該公司的面試負責人異口同聲強調團隊合作的重要性。他們說：「高盛重視團隊更甚於個人，我們正在徵求懂得團隊合作的人。」這讓我很驚訝，因為這跟我當初抱持的印象很不一樣。

我進入公司之前還半信半疑，然而實際進入公司後，就發現團隊合作並非單純說說而已。

高盛追求的目標極為明確。團隊以及個人應追求的成果，會根據公司追求的目標來定義，並將團隊和個人追求的方向調整成一致。因此，高盛會尋找和評估能為團隊有所貢獻的人。

另外還有一項培養團隊合作的方式，那就是「三百六十度評估」。這種做法並非主管單方面審核部屬，而是主管、同事、部屬，和其他跟該工作有關的全體成員互相評估。每逢績效評估時期，員工就要花大約一個月的時間，以五階段數值和評語，跟共事過的同事互相評估這一年的績效。

評估項目涉及很多方面。例如像緊急時聯絡不上，不愛回覆的人，親和力的項目評分就會下滑；經常單打獨鬥的人，以及主管評價不錯，卻不跟同事和部屬合作的人，也會受到嚴厲審視。

三百六十度評估的優點在於，自己既是受評估的一方，同時也是評估的一方。評估對方之餘，自己的行動和成果也一樣要受到評估。由於要為團隊貢獻，個人的評價才會拉高，所以多虧這項機制，團隊意識才能自然提升。

實際上，我在高盛任職時，當我向其他部門和國外事務所的人磋商和提問時，對方即使在百忙之中也會迅速回信，不會冷漠回應。在同一家公司中，擁有共同目標的夥伴會彼此協助，因為他們非常清楚，自己的貢獻會為公司帶來成果。

團隊合作終究只是拿出成果的手段

日本的組織文化重視和平相處，擅長團隊合作，崇尚齊力奮鬥的態度，這是美好的文化。然而和睦並不是重點，重點在於眾人合力到達目的地，而對企業來說，就是達成團隊成果。過於重視和平相處，就會輕忽團隊成果，如此不僅沒辦法維護團隊，也會破壞氣氛。

跨國公司的員工也很重視團隊合作，但團隊合作是為了追求龐大成果。他們不會認為，反正大家都努力過了，成果欠佳也無可奈何。既然要努力，就要不顧一切獲得成果的這種觀念，也算是一％的差別。

3 事前疏通這件事，何時該做何時不能做？

「事前疏通」這個詞原本是什麼意思？翻查手邊的字典，意思是：做事之前，先向相關人員說明意圖和情況，讓對方略微了解。

另一方面，對事前疏通抱持負面印象的人不在少數，或許是因為他們認為這會脫離原本的流程、違反規則，懷疑這個做法是否妥當。

雖然事前疏通似乎是日本的文化，不過這種行為在國外也看得到。英文當中會使用groundwork（事前準備）這個詞，表達lay the groundwork（做好準備）的意思。

事前疏通，有時是為了獲得最大成果的必要之舉。假如沒有明顯不公、違反規則，也就無須對這項行為抱持負面印象。

高盛有時也會將公司內部的事前疏通，當作重要的流程之一。現在就來介紹一個例子。

以前有一個投資案，需要紐約投資委員會的審核和許可，當時我們也曾經在那場審核會議之前，事先向委員會的關鍵人物說明。我們會簡潔歸納提案內容之後，再事先送交，透過電話會議說明，同時懇請關鍵人物協助。就算提案未被認可，也可以在開會前補上具有說服力的資料，修正提案內容。

這種情況也可以稱為事先疏通。考量到投資委員會時間有限，事先提供資訊當作審核資料，想必將有助於他們判斷。

假如有重要資訊，委員會的成員也不會排斥事先聯絡。適當的判斷，對他們而言是首要之務，他們反而歡迎別人事先提供需要的資訊。

以下就介紹成功做好事前疏通的要點：

1. 歸納根據後再傳達出去

「只不過是事先稍微問一下，沒有必要細心準備。」千萬不能這麼想，當你這麼認為，對方也會敷衍了事。事前疏通需要像正式上場一樣，歸納提案的背景和根據後再傳達給對方。

2. 表現出熱情

決策者也會檢測提案者的認真程度。專案的成敗，終究還是取決於執行者的熱情，事前疏通是展現自身熱情的大好良機。

3. 不要錯過時機

想要在揣摩主管意向的同時推動工作，最好從研究階段就要開始向主管報告；也有可能遇到某些情況，是要妥善總結內容，並趕在正式簡報前才能告知對方。為了避免主管說：「要是早知道就可以幫你了」、「就算你現在告訴我，但是沒有具體計畫，也就沒什麼好談」，你要抓好時機再告訴主管。

4. 遭人懷疑是否公平時，就不要做事前疏通

當流程必須公平，以免惹人非議時，就不要做事前疏通，並在接待主管時，切忌做出「企圖提高人事評價」一類的行為。

事前疏通也可以視為細心的準備之一。只要光明正大進行，也能獲得最大的團隊成果。

4 沒把握的事別先貿然努力

外國人經常說亞洲的上班族工時長，很勤勉。

我也覺得。與高盛或麥肯錫共事的外國主管或哈佛同學相比，亞洲人相當認真，工作時絕不打混摸魚，非常勤勉。

那麼，國外頂尖人士是否很怠惰？不，他們並非不認真，而是只會在認為拚命努力也不會有成效的工作上打混摸魚。反過來說，只要他們認為堅持下去，就能達成目標，便會非常勤奮工作。例如，目標若是必須在什麼時候之前，產出這些成果，他們就會全心全力朝那個方向奮鬥。

另一方面，即使決定好要做的事，但若狀況改變，判斷無法達成目標時，就會乾脆捨棄不做。與其說是不勤勉，不如說是能視情況，高效使用自己的資源。頂尖菁英都知道資源有限，他們會確實掌握關鍵點，並有效使用，企圖拿出極致的成果。

跨國公司會重視明確的目標，是因為團隊成員常由各色人種組成，人生觀和職業觀皆不同。因此，為了讓這種團隊能妥善發揮功能，就少不了明確的願景和目標。

以會談為例，首要條件是釐清會議的目的。目的明確後，就能找到方向。要是終點不明確，就沒必要堅持下去。正因為有目標，努力才有意義，跨國公司的主管和同事都相當了解這一點。

這是我在某件企業併購案中，參與顧問業務時的事情，對方是客戶公司的執行董事，那家企業要在國際發展事業。每個星期我們會透過國際電話，召開一次例行會議，每一次討論都很熱烈，是極為重要的會談。

有一天，我們照常跟客戶召開電話會議時，對方迸出下面這句話：

「今天會議的目的是什麼？」原本想照慣例進行會談的我們被問得啞口無言，但這一星期沒有特別的進展，也不需要長時間對談。

「反正狀況就還是那樣，今天能不能快點結束呢？」客戶這句話說服了現場所有人，這星期的會談就提前散會了。

我在公司內部的專案中也遇過類似的情形。經辦某件併購案的業務時，賣方的動作完全停滯不前。我們判斷狀況沒有急迫到必須在今明兩天設法解決，現在就算加班到很晚也沒意義。於是成員彼此商量一下，當天就罕見的提早回家了。

從亞洲人的角度來看，或許會覺得客戶和專案成員的反應很冷淡，但他們只是依情況來判斷需不需要全力以赴而已。

亞洲人具備值得誇耀的勤奮特質，交給自己的工作就會完成，就算狀況有變，也常會以「這是工作」、「這是例行會議」為由照常進行，有時就算沒有要討論的議題，也要以例行會議為由照樣舉行，或是明明可以靠電子郵件或電話解決的事情，也要拿到會議席上發言。

無論何時都要意識到目標和終點

沒有混水摸魚很好，但有時也該直視這種降低工作產能的一面。明明自己的工作都做完了，卻因為主管還沒回去而留下來假裝幹活，或是誤以為加班是努力的表現。這種態度只會降低產能，還會成為長時間勞動的溫床。

勤勉是我們值得誇耀的美德。但是，假如沒有掌握放鬆的時機，往往會在重大關頭時筋疲力盡，工作速度會下滑，幹勁也會減少。這樣一來，從結果來看，產能將會低迷不振，難得的努力便會化為泡影。

這種天生勤奮的特質，要是能再加上明確的目標或終點會怎麼樣？屆時我們一定會開創出更美好的成果。有明確的目標，努力的過程才顯得有價值。無論從事什麼工作，都要時常意識到目標，從明天起就將這件事放在心上吧。希望各位能不斷捫心自問：「這是為了什麼而做？」「現在該做這件事的理由是什麼？」

5 主管要的是你的成果，不是工時

外資金融界和管理顧問業，都是出了名的競爭激烈。因此，我待過的高盛和麥肯錫，就會希望員工可以承擔繁重工作。

事實上，我任職這兩間公司時年紀尚輕，平常也會加班到很晚。即使如此，工作也經常沒做完，連週末都要上班趕進度。升上管理職之後，雖然不像過去總是被時間追著跑，卻還是跟年輕時一樣忙碌。

假如要談到我的主管和同事，為什麼能夠投身於這麼繁重的工作當中，原因就在於他們有「拿出成果」這項目標。

成果，取決於質（產能）與量（時間）的相乘。儘管提升工作產能很重要，然而單憑這一點，是贏不了打對臺的公司。想要獲得最大的成果，就必須增加投入工作的時間。關鍵就在於，你必須先了解，成果＝質（產能）×量（時間）。

然而，你不能只是一味的肯定繁重的工作。從專業角度來說，也需要準確看出工作的質與量，要怎麼達到自己心目中的平衡，並加以控制。例如，我的前主管就很重視一項原則：「無論再怎麼忙，只要一過自己定下的下班時間，就不輕易加班。」

如果有非常緊急的專案，大家就會工作到半夜，這是業界普遍的常態。不管三七二十一嚴格遵守準時下班並非易事。前主管之所以那麼嚴格遵守下班時間，是為了確保自身所需的休息時間，並讓自己隔天也能從早上開始專心工作。

質與量的平衡因人而異。想必前主管一定知道，為了獲得最大的成果，就要明確界定好下班時限。正因為藉由過去的經驗掌握到這一點，才會連加班時間都要嚴格控管。

反觀新人時期的我，尚未完全理解到成果＝質×量，頻頻加班到半夜。結果怎麼樣？即使嘗到工作告一段落的成就感，隔天卻也會因此疲憊不堪，做事效率下降，從整體來看進度反而延遲了。

有時為了拿出成果，需要你勤奮工作。但若做得太過頭，產出的質與量都減少，如此就本末倒置了。對於不明白其中的平衡，沒頭沒腦加班的我來說，為了拿出成果而嚴格管控自己的主管，簡直就是平衡工時與成果的專家。

只有自己知道，如何才能將自己的表現發揮到極致，要以獲得最大成果的角度，重新審視自己心目中最佳的平衡。

6 星期五的晚上，菁英不工作

跨國公司的辦公室在一星期當中，會有一段時間完全不見員工人影，那就是星期五的晚上。

許多連日工作到很晚的人，到了星期五也會早早結束工作回家。星期五下班後的放鬆方式五花八門。有些人會跟家人享用晚餐，有些人會出門參加某個聚會，有些人則會跟同伴去喝酒。對他們來說，星期五的晚上是週末的一部分，這個時間還會留在辦公室工作的人，除了緊急工作之外，極有可能是不擅長切換工作開關的工作狂。

工作每天都有，也不可能一次統統解決掉，因此，要是沒有特意結束自己的工作，早早離開辦公室，就沒有辦法轉換心情。

另外，每逢星期五晚上，任職於跨國公司的人，在離開辦公室之前，都會對周圍的人說：「Have a great weekend.」、「Enjoy your weekend.」以上這兩句話的意思都是：祝你有個美好的週末。從這些表達方式也可以看出，他們基本上不會在假日上班，週末會盡情享受私人時光。

新的一週開始時，每個人早上的問候詞是這樣的：「How was your weekend?」在他們的常識中，會先問他人週末怎麼過、過得如何，而不是問天氣或工作。與其說他們是真的感興趣，倒不如說這近似於一種社交辭令。

週末加班不是件值得自豪的事

依工作狀況不同，有的人甚至假日也會出現在辦公室，或是在家裡解決文書工作。實際上，高盛和麥肯錫也有週末忙著工作的員工，我也不例外。以前當我一忙起來，星期六就會到公司加班。

雖說週末也在工作，但星期一早上寒暄問候時，就會避免回答「我這個週末都泡在工作裡」，因為有可能會給對方留下不好的印象，像是「這個人沒辦法掌控工作與生活間的平衡」。

即使你在週末工作，也不該表現出自己是為了公司而犧牲私人時間，而是該表現出自己是為了拿出成果，而自主性工作，例如：「關於○○項目，我突然浮現出了一個好點子，我怕星期一就忘了，所以利用星期天的時間，製作了提案書。之後可以幫我看看嗎？」只要展現出正向的態度，周圍的人或許也會諒解。總之要記得，**千萬別露出假日被迫要上班好累的情緒**。

即使在忙碌的職場環境當中，星期五晚上也一定要早點離開辦公室（假如工作環境是在六日以外的時間休息，不妨配合自己的職場環境，選擇要在星期幾準時下班）。巧妙的切換工作開關，讓身心得以充電，假期過後就能找回上班的活力。

7 老派社交之必要

這是我進入高盛第一年冬天的事情。那時候我正煩惱自己窩囊的工作表現。

有一天跟客戶會談完，回程途中順道跟主管吃頓飯。當時帶著醉意的主管，說了句令我意想不到的話：「戶塚最近在工作上也變得非常能幹了嘛。」一主管平時鐵面無私，在辦公室內對工作很嚴苛。這樣的人竟然給了我超乎預期的回饋。

獲得意料之外的稱讚，成了我日後奮發向上的動機。其實當時主管誇讚我，是有意要促進我成長，但對我來說，這是讓我覺得工作越來越有趣的原因。

所謂喝酒溝通，大家往往以為這是日本企業獨有的文化，但即使在國外的職場，也經常會跟同事喝酒、交流。

我在麥肯錫工作時，曾到奧地利參與研習，留下許多美好回憶。這次研習約有三十名來自世界各國的顧問參加，最後一天的慶功宴是唱卡拉OK。研修處有一臺老舊的卡拉OK機臺，與會者各自點喜歡的歌曲，熱情歡唱。看到每個人興高采烈歡唱的模樣，就會讓我再次認知到，每個國家炒熱氣氛的方式都一樣。

只不過，日本還是有一些不一樣的地方。日本的職場環境，感覺會比較半強制要求員工參加應酬。參加聚會的人會被認為很合群；無緣無故拒絕參加的人，可能就要背負擾亂團隊和睦的罪名。

跨國公司通常不會強制員工參加聚會，要不要出席都是個人的自由。就算說「今天沒有心情去」、「還有其他事要辦」，也不會招來負面評價。前面提到的卡拉ＯＫ派對，也是單純讓想唱的人去唱。

國際企業中，許多人會積極參與公司外的聚會活動，當作是推銷自己的機會。他們會積極與他人攀談，好讓對方記住自己的長相。若是公司內部的聚會，也會藉由跟同事聊天來縮短彼此間的距離，他們會一邊享受聚會，順道展現自己。許多人都是抱著「這是推銷自己的大好良機」而出席聚會。

花一些工夫，讓人人都可以自在參加

要擬定聚餐地點時，也需要體貼入微。

應酬大都會安排在晚上，這麼一來，忙著養兒育女的同事就很難參與。假如有不會喝酒或不會抽菸的人在，也不該強迫他們硬要融入聚會。

由於最近開始遠距上班，也不太適合要所有人從同一個工作地點前往會場聚會。只要再思考一下，就會明白這種聚會的目的並非喝酒，而是加深交流，共同分享經驗、強化關係才是重點。

只要這樣思考，就會知道應該盡量找出所有人都可以參加的辦法。像是地點不要選在抽菸客人多的居酒屋，而要選擇設有非吸菸區、無酒精飲料種類豐富的店家，或將舉辦時間定在白天等，都是一種方法。

不以飲食為主，將重心放在其他目的也不錯。我開的公司 Veritas 舉辦尾牙的地點，就位在市中心，且是能飲食的保齡球會場。不僅能讓參與人在派對之間自由活動、自然運用英文溝通，且不喝酒的成員也可以開心參加。

哈佛商學院經常舉辦派對和活動。有個活動是，在每個星期五的傍晚聚會，讓喜歡社交的同學在哈佛廣場站前的酒吧喝啤酒。也有個哈佛大學教授的兒子開派對，只差沒說出「波士頓就交給我」（按：哈佛商學院位在美國波士頓。這句話想表達的是派對規模甚大，全波士頓的居民都能容得下）。當時還有個白日烤肉派對，似乎是考慮到攜家帶眷的留學生很多，所以現場設有兒童遊樂區，這也是一段美好的回憶。

哈佛商學院有許多類似這樣的活動，我會視其他參加者、目的和自己的狀況，斟酌參與。當然，這些聚會都沒有強制性，要不要參加是個人的自由，完全不會譴責不參加的人。但若參加的話，朋友之間的心意就會更相通，還可以認識新的朋友。從強化參加者之間關係的意義上來看，聚餐是對公司和團隊有益的活動。

辦活動的訣竅在於以包容的心態，絞盡腦汁選擇舉辦地點，盡量讓大家自在參加，加深溝通。假如公司內部還有其他活動，參加者也可以視自身情況，選擇參加。

下次若要為公司內部舉辦聚會時，不妨回歸原本的目的及其優點，花點心思去做，各位覺得如何呢？

8 商場上可以問和不能問的問題

我在哈佛念書時，經常請同學來自己的校區宿舍，舉辦日本食品派對。派對當中自然會聊到日本的文化和習慣，所以有時會一邊飲用日本酒，一邊開懷的炒熱氣氛。

國外的週末家庭派對，也是重要的社交場合。有些人會互相邀請對方來家裡，做飯請對方吃，也有些人會在聚餐烤肉的同時，結下兩家之間的情誼。

為什麼國外盛行家庭聚會？這或許是因為外國人和亞洲人表現親密的尺度不同。

國外在什麼時候會覺得彼此更親近？那就是在介紹彼此的家人時。像是帶著自己的伴侶來派對，或是反過來以主人的身分，將伴侶介紹給來賓時，就會萌生「我們親密到結下情誼」的意識。

從這層意義上來看，歐美的家庭派對，稱得上是建立人際關係的重要活動之一。

別以負面口吻談論家人的事

參加家庭派對時要留意一件事，那就是不要用負面詞彙談論自己的家人。例如我們會謙稱自己的妻子為「拙荊」，翻成英文就是 stupid wife，但實際上在國外沒有人會這樣叫。

英文沒有藉由「外」和「內」來區分尊稱和謙稱的概念，所以應當避免用謙稱向對方展示敬意。要是說出這樣的言論，別人不僅不會接受你的說法，還會懷疑你的人格。

為了炒熱氣氛而開玩笑講自己家人的壞話，也是禁忌。參加國外的家庭派對時，可別忘了這一點：無論什麼樣的理由，都要避免用負面口吻談論家人的事情。

不要輕率詢問居住地和年齡

美國社會承認並大方接受每個人的不同，你可以坦然詢問他人的個人背景。

既然是由各色人種組成的國家，也就會頻繁聽到「爸爸是什麼血統、媽媽是什麼血統」這類問題。以個人背景相異為前提的社會，就可以隨便問，但也並非什麼都可以問。

尤其是在商場中，更是有分可以問的問題，和最好別問的問題。例如，不要輕率詢問他人有關家人或伴侶的事。

有沒有結婚？有孩子嗎？有情人嗎？對象是男的還是女的？這種話題除非對方主動談起，否則基本上是禁忌。但也有例外的時候，那就是當對方桌上擺著全家福照時，這時問一下「這是你女兒嗎」不至於失禮。

你也該盡量避免詢問他人的居住地。

居住的地方會如實呈現那個人的生活水準。年收入高的人，不會住在低所得人士眾多的地段，反之亦然。詢問居住的地方就等於在問年收入，最好不要輕易詢問。

我們也最好避免主動詢問年齡。

亞洲社會以集體招聘畢業生為主流，同期、前輩，和晚輩，這些涉及年齡的要素，在人際關係當中具備重大意義，所以總會不假思索詢問對方年齡。

反觀國際，則看不到集體招聘畢業生的文化，不同年齡或職業的人會陸陸續續進入公司。這樣的環境當中，年齡和工作能力的相關性不大。因此，除非對話自然發展到這個方向，否則跟年齡有關的問題，也會給人一種侵犯隱私的印象，而對方是異性時要尤其注意。

Chapter 3

菁英的說話方式，跟你哪裡不一樣

1 好的自我介紹，要連說三次對方姓名

我在國外工作時，一開始的門檻是如何跟客戶建立信賴關係。畢竟再怎麼努力，英文也不可能說得和母語人士一樣好，而亞洲人的體型相對嬌小，且男性和女性看起來多半比實際年齡小，往往給人不可靠的印象，導致別人覺得自己不夠格，直到秀出名片後才會改觀。

假如平常就很仰賴名片上的頭銜，到了國際企業的環境後，就要費盡心力，抹滅這些不利的第一印象。

我有個朋友在日本數一數二的大企業上班。有一次他預定要在國外的展覽會上跟客戶會談。會談開始不久，對方的反應就慢半拍，擺出「為什

麼對方是這種毛頭小子」的態度，不肯好好談話。然而當我朋友遞出名片後，客戶的態度才有了轉變。

雖然不甘心，但這就是亞洲商務人士在國外會遇到的現實。為避免讓自己留下這種不好的回憶，就要記得提升每個瞬間的存在感。

不靠名片，就要能提升自己形象的原因還有一個。那就是國外不像亞洲一樣重視交換名片。有些人不會自備名片，還有不少人即使帶了名片，也只會在臨走時迅速交換了事，而不是在會談一開始就拿出來。不過這麼做也有優點，那就是能輕鬆在短時間內，建立更深入且親近的關係。

一旦過於仰賴名片，就無法在短時間內做出高效的自我介紹。當你不依靠名片，就要衡量該如何談話，對方才會了解自己的工作，也必須預先準備和運用巧思，這樣與人交談時的專注力和積極度自然會提升，最終工作便會自動找上門。

初次見面如何介紹自己

那麼，該如何行動，才會提升商務人士的存在感？

第一點就是，在開頭寒暄問候時給別人留下印象。尤其光是握手這個舉動，便能大幅改變自己所給人的印象。

握手時要先直視對方的眼睛，露出笑容。接著主動伸出手，緊緊用力握住對方的手兩秒鐘。即使你是女性，也請以溫柔又不失強悍的力道，緊握兩秒鐘。假如是初次見面，報上姓氏時也要明確告知自己的名字。

其次，將對方的名字牢牢記在腦海裡，並實際唸出，確認沒搞錯。正確記住對方的名字，是縮短彼此距離的必要之舉。

哈佛商學院的學生很擅長記住別人的名字。看到他們這麼厲害，我就打定主意，初次見面時要實踐三個步驟。

首先，在剛開始自我介紹時，要刻意說出對方的名字，用自己的口耳確定沒弄錯。其次，在自我介紹結束後，立刻說出對方的名字並提問，例如，「○○先生的籍貫是紐約嗎？」最後，道別時也一定要說出對方的名字，同時寒暄致意，「○○先生，今天很謝謝您。能跟您共度時光是我的榮幸，期盼下次可以再見到您。」

只要像這樣說出對方的名字三次，就會留下記憶。即便這時弄錯姓名，對方也會當場糾正，難以發音的姓名也可以烙印在記憶當中。

事先準備自我介紹的基本格式

自我介紹要注意的是，不要只用你的公司名稱、部門名稱、經辦的商品和服務名稱介紹自己。

我所主持的 Veritas English 課程中，有一個練習是要潤飾自我介紹文章。當時學員在撰寫自我介紹時，往往只會羅列出公司名稱、部門名稱和商品名稱。而在國際商務環境中，不要只說一句「我是□□公司的戶塚」，要以自己的話，講出引人入勝的介紹，例如你具備什麼背景、現在從事什麼業務、自己的強項是什麼，以及用什麼心態在工作，方能贏得商務人士應有的信賴。

那麼，引人入勝的自我介紹要有什麼重點？

初次見面的自我介紹內容可以列舉如下：姓名、籍貫、嗜好和興趣、家人、工作內容和任職公司、具體說明從事什麼工作、用什麼心態在工作。這些基本項目要事先打好草稿。

關於工作內容和任職公司，就如前面所言，要記得告知自己在這間公司當中扮演什麼角色，而不是單純說出隸屬部門。另外還可以預先做好準備，談談一個有個性的人會有的嗜好和興趣。

就算在一般的職場，不過度仰賴名片，也會讓你獲得工作上的成果。試著將重點放在個人，而不是名片上的頭銜。交換名片之後，記得不要立刻進入正題，可以聊聊對方的名字、籍貫、過往的資歷，以及關於現在的工作等。光是這樣，就能緩和氣氛，對話就會流暢起來。

對於來自不同國家的哈佛商學院學生，和跨國公司的商務人士來說，「Where are you from?」是慣例問題。

以這個問題為起點，就可以不斷拓展話題。諸如這座城市是什麼樣的地方、名產是什麼、推薦去哪觀光、工作是什麼、要怎麼學習，或是學會了什麼技能。遇到對自己感興趣的人，對方自然也會抱持關心和好意。

認知到對方是獨一無二的存在，而不是「□□公司的○○部長△△先生」，再加上引人入勝的自我介紹，你的形象和人格魅力就可以顯著提升。

2 每天早上，你用哪一句話當問候語？

「辛苦了。」我們在工作時，一天會互相問候好幾次。碰面時沒有馬上進入正題，而是先掛念對方的狀態、慰勞其辛苦，真是美好的話語。

雖然英文沒有相當於「辛苦了」的表達方式，但有一個類似的說法：「I hope you are doing well.」直譯就是「我希望你過得很好。」只不過，英文和日文背後的意思大不同。日文中「辛苦了」，感覺是顧慮到「每天忙碌真累人，你是不是累積很多壓力了呢」；英文則是希望對方積極度日，帶著「隨時朝氣蓬勃、精力充沛，真美妙」的含意表示關心。

比較之下就會發現，英文是以對方樂觀進取為前提，日本則是以疲勞為前提來問候他人。因此，假如你以疲勞為前提的語感回覆時，就無法獲得外國人士的信賴。

我在哈佛留學時曾遇過這樣的事情。

每天一大早到教室，就會聽到四面八方傳來「Good morning!」的招呼聲。教室從早晨就洋溢著活力，充滿「今天也要加油」的積極氛圍。在這樣的氛圍中，鄰座同學問我：「How are you doing?」我回答：「I am tired and sleepy.」雖然沒有那麼累，但在日本時，朋友之間會不經意的開玩笑說幾句「好累啊」、「從早上就很睏」，於是我也以這樣的意思回應，結果他嚇了一跳，擔心的問我：「你還好吧？」

假如當時能察覺並改善就好了，但隔天我也不假思索說出同樣的話。儘管是半開玩笑，試圖緩和氣氛，周圍的人卻不這樣認為。就在這種對答當中，他們認真的開始擔心起我來。我差點就要被貼上「消極沒精神」的標籤了。

當時我在過晨型生活，每天早起勤奮預習。原本想要回答：「大家一定也熬夜到很晚，或是像我一樣從早上就在用功。雖然彼此都累得想睡覺，不過今天也要加油喔！」

然而，當我親眼目睹周圍人真的很擔心的樣子，才發現不妙。別說是緩和氣氛，似乎還造成了反效果。美國社會最重視積極進取，這起事件讓我深刻感受到這一點。

現在回想起來，在高盛時，主管早上是這樣寒暄的。當我問：「How are you doing?」他會說：「I am doing super!」（我狀況好極了！）或是有時只會回答更簡潔的：「Super!」

上述言詞不只是在展現積極向上的自己。我的理解是，這種回答，帶點領導風範，自己積極進取、朝氣蓬勃的模樣，想必也會帶給周圍活力。想要發揮領導能力，自己就要先抬頭挺胸，想必主管是這麼想的。的確，看見他精力滿滿的樣子，都讓我覺得「好，我也要努力」。

要在國際工作，最好要提升幹勁。即使沒那麼有精神，也請告知周圍的人「我精神好得很」。這樣周遭人就可以變得有活力。刻意提升幹勁，保持積極樂觀，這才是正確的方法。

3 音量就是膽量，不論哪個國家都一樣

一般人常說，內涵重於外在。只要性格良好，外在就不重要，介意容貌的人心胸狹隘，我們都是被這樣教大的。但以商務場合上來說，外在和內涵都很重要。

沒有內涵的提案，不管再怎麼會說，也打動不了對方的心。但就算只憑內容決勝負，在商場上也拿不出優秀成果。商場上會同時重視說什麼和怎麼說。

提案內容想必大家都大同小異。假如這時，有刻意提高音量、大聲說話的人，和小聲說話的人，兩者擇一時，我們還是會選擇前者。

連說出提案優點都一副提心吊膽的模樣，會讓對方猜疑「這個人是不是對提案內容沒自信」、「難道是有什麼缺點卻想隱瞞嗎」。明明有內涵卻讓人有負面印象，實在太可惜了。所以，具有內涵的提案，更應該講究適當的傳達方法。

那麼，該怎麼做才會得到對方信賴？

首先要留意站姿和視線。站立時要記得抬頭挺胸，以免讓對方覺得不可靠，眼神要稍微溫和，不要給對方壓迫感。其次是發聲，聲音要從丹田發出，記得音量要大，說話時最好口齒清晰。

另外，比發音更重要的，是聲音大小。在國際環境中，音量是決定性的關鍵。一般來說，美國多半認為更主動強勢才好，聲音聽起來很靠不住的話，在商場上絕對很不利。

亞洲商務人士的體格普遍比白人嬌小，很多人都會設法彌補，像是講電話時，刻意以低沉有力的聲音說話，而實際見面時，外國人才會發現對方形象溫和，這種經驗不只一、兩次，這也就顯得強而有力的說話方式是多麼重要。

我在高盛時的日本主管，說英文時都會刻意說得比日文還大聲。要讓母語人士理解，就要大聲且清晰的慢慢說，所以在講英文時，音量記得提高一節。

我在哈佛留學的時候，就會練習如何大聲說話。像是練習大聲朗讀，或是在鏡子前面說英文，檢視自己的動作有沒有不自然，又或是請外國同學幫忙，看能不能從遠方聽到自己說話的聲音。尤其是亞洲人，要是沒有刻意打開話匣子，就不太會大聲說話，所以更要從平時就先做好準備。

簡報就是要事先準備

商場上不只提案內容，說話方式也很重要。尤其是上臺簡報更重視這一點，這時的關鍵在於事前準備。

為什麼歐美的商務人士多半擅長簡報？那是因為他們從小就有很多機會在別人面前說話，已經習以為常。例如，擔任過哈佛商學院院長的金·柯拉克（Kim Clark）教授，據聞從小學入學前就上教會，經常要在別人面前背誦《聖經》。美國除了學校以外，在同學面前發言的機會也比日本多很多。

他們從小就累積在眾人面前說話的經驗。我們亞洲商務人士在學校中，很少有機會在別人面前說話，當然該意識到這個問題，並做好準備。

我尊敬的前主管就教誨過：「簡報就是準備。」他在遇到十幾、二十幾家公司參加的大型招標時，會實際精心排練，而他親自率領的團隊，招標勝率遙遙領先其他公司。

前主管會集合團隊成員，先製作底稿和模擬問答。文句要詳細檢討到每一字每一句，縝密的安排具體案例，以及要怎麼說出結論，誰該在什麼時候說話，時機和間隔也要謹慎籌劃，而且還要反覆排練好幾次，不斷修正內容。

整體而言，前主管的簡報直截了當，其完成度之高，足以戰勝其他對手。當時我就學到一課：潤飾提案內容固然緊要，但之後怎麼傳達也同樣重要。

不要單靠內容取勝，做好事前準備，就有希望獲得更大的成果。

4 穿著的關鍵，在於能否獲顧客共鳴

只要走一趟高盛或麥肯錫的國外辦公室，就會看到大家身著簡約的服裝。形象好歸好，但整體來說就是沒有自我風格。

以前在金融或顧問業界中，許多人會穿著黑色西裝，不過現在穿半正式休閒裝上班的人也漸漸變多了：有領子的長袖襯衫，搭配棉質的褲子，配上輕便皮鞋，類似這樣的穿著。遇到拜訪客戶的日子，則會配合對方公司的風氣，穿上合適的西裝或外套。

為什麼他們的衣著要簡約？因為比較能帶來好影響。

投資銀行或顧問，跟客戶方管理階層的談話機會頻繁，客戶方管理階

層對合作公司員工要求的是信賴感，而非外在個性。因此，與其追求展現自我的時裝，不如穿上樸素卻能給人安心感的衣服，如此較能獲得信賴，洽談也會比較順利。在公司內部也一樣。重視簡單的衣著，可以讓彼此心情愉快，容易獲得團隊成員的信賴。

金融或顧問業界偏愛西裝或半正式休閒裝，但服裝也依業界而異。

假如是美國西海岸的ＩＴ企業，西裝反而會扣分。蘋果創辦人史蒂夫．賈伯斯，不管在什麼時候，都是黑色高領毛衣配藍色牛仔褲。那個特色十足的衣著，與其說是當事人的愛好，不如說是蘋果品牌的策略之一。

保守的西裝不能傳達蘋果產品的玩心和時尚。賈伯斯的服裝質樸卻展露知性，體現了蘋果品牌的特徵。以創造力為武器的業界，就應該要穿可以反映這一點的服裝。

臉書創辦人馬克．祖克柏（Mark Zuckerberg）的連帽上衣也是一樣，透露著臉書隨性悠哉的氛圍。這樣的形象，將會強烈吸引該公司的目標用戶追隨。

合宜的服裝依業界而異，然而無論在哪個業界，其共同關鍵都是要審視服裝是否對生意有幫助。決定服裝的重點在於是否能獲得顧客的共鳴、能否體現自家公司追求的目標或文化。

去國外出差，不要穿得太年輕

我們亞洲人因為體格差異，跟歐美人士相比就是幼小，有時會給人一種靠不住的感覺，因此去國外出差時，記得要多留意服裝。我去國外出差時，就會記得要穿保守一點，即使是允許穿著輕鬆服裝的場合，也要刻意選有領子的襯衫或外套，而不是牛仔褲、休閒褲或T恤。

例如，就算是去美國矽谷這種公司風氣較輕鬆的地點出差，但穿上過於休閒的服裝，就會顯得比客戶還年輕，有可能會對生意帶來壞影響，所以在國外挑選服裝時，要記得穿起來不要太過年輕。

5 約客戶開會不如約「一起吃早餐」吧

要去國外出差時，最期待的一件事就是去見當地的朋友和熟人。出差當然是為了工作，不過機會難得，可以安排一些行程，與幾年才能見一面的朋友聊聊近況、交換資訊。

跟上次碰面相比，個人的工作和家庭狀況都會有所變化，時間再多也不夠彼此報告近況。跟推心置腹的夥伴聊天，既能緩解出差所造成的緊張情緒、恢復精神，也可以獲得當地人的第一手資訊、了解當地風氣，甚至得到新的刺激、新觀點及提升動機，是很寶貴的時光。

詢問能否跟他們再會時，他們多半提議「一起吃早餐怎麼樣」。雖說是早餐，卻不是大分量早點，而是喝杯咖啡，吃根香蕉跟藍莓口味的馬芬或貝果。

之前我去矽谷出差時，跟任職於當地ＩＴ企業的美國前同事，在機場的星巴克見面。造訪北京時，則有機會跟以前同窗的中國企業家，在飯店旁邊的咖啡簡餐店重溫舊誼。

為什麼是早餐，而不是午餐或晚餐？

國際菁英，會有效活用早上的時間交換資訊。因為這比商務午餐或商務晚餐都來得容易安排，可以在短時間內高效談話。

我非常喜歡在早上與人交流。不僅是在國外出差時，在日本時，也可以利用早餐時段交換情報。以下列舉選擇早餐時段的理由。

首先，無論分量多寡，基本上很少人早上不吃東西，所以容易邀請；其次，早餐可以輕鬆選定場所和時間。若是晚間聚餐，則要確認很多事項，像是對方前後的預定行程、想吃的東西、是否要喝酒等，早餐就不太需要顧慮這些。只要查明對方的辦公室和住宿地點，再告知對方：「那我七點在附近的星巴克等你。」就夠了。

不太受對方時間的拘束，也是個優點。由於是在早上見面，大家之後一定都有下一個預定行程或是要去上班。點咖啡或吃麵包又不花時間，馬上就可以進入正題，且只需要花三十分鐘到一小時就夠了。

假如是午餐或晚餐，光是等上菜就要花一些時間，沒有一小時以上是不會結束的。哪怕晚上有空，彼此也有可能安插跟客戶聚餐，或是有其他重要的預定行程，不好意思長時間耽擱對方，也就無法好好交換資訊。

共進早餐還有個優點：假如早上有約的話就會提早出門，能夠迴避早上的尖峰時刻，以舒暢的心情開始一天。想要矯正夜生活的人，也可以試著在早上臨時安插行程，特意營造晨型人的生活週期。

將以往在家喝咖啡的時光，改為跟同伴或朋友聊天的時間——這不只能讓心情煥然一新，或許也會為工作帶來意想不到的效果。

6 一起打高爾夫球，客戶就會變朋友

高爾夫球場是商務人士的社交場合之一。國外的商務人士當中，有不少人透過在健身房鍛鍊、打壁球或其他運動建立人脈，活用在工作上。

我在哈佛商學院的時候，也經常去高爾夫球場。波士頓郊區高爾夫球場的課程費用相當划算。我早上趁著便宜的時段前往，所以當時花兩千日圓左右就可以打一次九洞了。

我早起打高爾夫，除了便宜之外，最大的魅力就是，很多客人跟我一樣是單獨前來，能藉機和他們變成朋友。高爾夫是幾個人打才會比較有趣的運動，所以單獨前來的人會自然的一起打。假如在打球過程當中聊得起勁，感情變得更和睦，我們彼此就會交換聯絡方式，相約以後再一起打高爾夫球。

我在這裡認識的人，多半都是頂尖人士，有些人是波士頓郊區的大學教授，或在律師事務所工作的律師，他們既溫和又寬容，把我這個外國人當成高爾夫球友接納。其中也有人在我回日本至今仍保持聯絡，讓人不由得感嘆這分情誼難能可貴。

這些國際頂尖人士，為什麼自然就接納了我這個外國人？

首先，國際社會是以不同人種之間的情誼為大前提，所以他們會希望你有所表現，發揮價值。其次，他們知道與不同類型的人接觸，會給自己帶來好影響。這些人享受跟外國人邂逅時的驚訝和發現，且擁有從容的身心，能將對方迎入自己的社群。他們從兒時的教育，和以往的經驗中體會到，從邂逅中產生的新聯繫和觀點，將會帶領自己來到未知的世界。

與不同類型的人邂逅是寶貴的機會，能跟新認識的人結下情誼，體會不同的價值觀和創意。或許在樂於跟其他國家的人邂逅時，才會開拓自己意想不到的新世界。

7 母國大小事，最適合當跨國聊天話題

「你知道嗎？義大利麵可分為短麵和長麵喔！」有一次跟哈佛的同學出門吃飯時，一個義大利留學生向我這樣說明。雖然我不熟悉義大利麵的種類，但連我這種沒那麼精通美食的人，都知道義大利麵可分為以通心粉和筆管麵為代表的短麵，以及直麵和寬板麵之類的長麵。

「這點小事我早就知道了！」這句話幾乎要脫口而出，卻不好意思在他悉心說明時潑冷水，就這樣聽他說下去了。

為什麼他要講一般人都知道的事情？因為國際頂尖人士重視的是自身背景和自身經歷的相關知識，而不是關於他國的淵博學問。

比方說，日本人當然會知道很多有關日本的事，義大利人則會知道很多義大利的事，反過來說，要是無法深入談論關於自己母國的事情，別人就會覺得你是個沒學識的人。想必這是民族和人種多樣性影響所致。日本社會缺乏多樣性，就算沒有說出每個人的背景，也可以想像到某種程度。

反觀來自世界的各色人士齊聚一堂的環境，互相都不知道彼此國家的文化和特徵，因此，能夠率先深入談論自己背景的人，別人就會覺得他學識豐富。

在哈佛時，讓人吃不消的事情

在哈佛，就算我不精通洋酒、歌劇或其他西洋文化，他人對我的評價也不會太低。而讓人吃不消的則是別人問起日本的事情。

哈佛的課程原則上是一班九十人。很多班級當中，只有我一個是日本人。每逢出現有關日本的疑問時，他們的視線就會集中在我身上。這時要是含糊回答，別人就會認定：「他居然沒辦法說明母國的事情，真是個沒學識的傢伙。」為了避免得到這樣的評價，我只好先預習。

哈佛商學院有個知名的個案研究，是以日本高度成長期的發展為主題。當時要討論戰後瘡痍的日本成功復甦的原因，不過要發表高見，就必須先知道當時日本的金融、經濟、社會保障系統和其他相關知識。

即使我的先備知識只有普通程度，別人卻會覺得「日本人一定非常了解」，我只好在預習時比同學努力好幾倍。當時不禁讓我反省：「假如在日本的時候有用功學習就好了。」

「為什麼神社和寺院要蓋在同一塊地上？」以前國外友人這樣問過我，我卻無法好好回答，真是難為情。沒能準確用英文說明，其實不是語言的問題，而是原本我就沒有充分了解過日本神佛合一的歷史背景。

能不能說明到讓國外的人都了解自己國家的社會或文化——我們要以

這樣的觀點重新審視日常生活中的事物。就算知道事物的名稱，也要連同它的詳細背景一起用功學習，接著最好是用簡潔的英文準備說明文，當你前往國外時，這項學識一定會有所幫助。

Chapter 4

我這樣「練英文」，任職外商無障礙

1 說好商業英文的四大關鍵

當我們學習英文的時候，會忍不住想講得很流利。的確，有時當母語人士的英文傳入我們耳裡，就會聽得入迷，忍不住讚嘆。

然而，要我們這些非母語人士，學會母語人士那樣的口說能力，本來就很勉強了，所以非母語人士需要設定別的目標。重點是善用自身國家的特徵和強項，會比較有價值。

非母語人士該追求的目標有四個關鍵詞，那就是意見、邏輯、大方，和簡單。換言之，就是要有明確的意見、支持意見的邏輯、將這些東西大方說出來，以及用簡單的方式表達。

我會這樣想，是在高盛任職時，受到某位日本主管的影響，當時承蒙對方指導我怎麼工作。

這位主管跟我一樣從小在日本受教育，任職於日本。從二十幾歲開始認真學英文，三十歲左右留學。那位主管將明確的意見，用有邏輯、簡單的表達方式，從容的大聲說出來，那大方展現的模樣，讓我印象深刻。

非母語人士所要追求的英文，就該像那位主管一樣。

為了讓人實際感受到，我們真正該追求的英文（目標）是什麼樣子，我在我主持的英文學習課程上，比較兩位日本商務領袖的英文訪談影片。

第一位是某家大企業的首腦。這位人士長期在國外生活，英文講得很流利。可聽見難易度高的英文單字，發音優美，也有速度感，相當流暢。只不過，仔細聽內容就會發現，結論含糊不清，也欠缺論證。

另一位是軟銀集團創辦人孫正義，是他在美國某個訪談節目出場時的影片，採訪者接二連三不斷向孫正義拋出問題，他卻沒有配合對方的步調。他留下足夠的空檔，營造自己的節奏，再以簡單的表達方式，大方從容的說話。雖然英文不太流利，卻是很有邏輯的意見。

商務英文的重點在於說什麼，而不是流暢。假如想要學會能運用在商務上的英文，就該知道，用前面提到的四個關鍵詞表達的英文，才是我們應當追求的目標。學員釐清該追求的目標之後，就要專心上十二個星期的課程，並於期末在同學和講師的面前簡報。

課程剛開始的時候，同學之間關注的焦點是「那個人英文說得很流暢」、「發音真好」、「說這麼長好厲害」，但在期末簡報上，學員關注的重點則變成「這個人的意見一針見血」、「好有說服力」，他們的重點不再是流不流暢，而是談話內容。

大家也一起用簡單的表達方式，以邏輯思考傳達意見，且傳達主張要從容自信而明確。

2 以對方的步調傾聽，以自己的節奏說話

我們跟母語人士用英文交談時，往往會忍不住配合對方講話的速度。然而，說話時要和母語人士步調一致並不容易，配合對方的過程中，反而會搞不清自己在說什麼，於是就焦急了起來。

聽力，就是配合對方說話的速度傾聽，而聽力可以藉由訓練來提升。反觀在口說方面，與其在說話時具備如母語人士般的流利和速度感，不如優先磨練前一節談到的四個關鍵詞。

我在高盛時期的前主管，正是「以對方的步調傾聽，以自己的節奏說話」的實踐者。前主管在說話時，不管對方的嘴再怎麼快，他都不會配合

那個人的速度。

對方在電話會議中講話時，前主管會把自己這邊的麥克風調為靜音，一邊核對文件和電子郵件，一邊聽對方說話。雖然從喇叭當中聽得見好幾個人，用不同的口音紛紛表達意見，主管卻不為所動。正因為有一定程度的聽力，才有辦法冷靜應對。等到自己說話的時機一來，主管就打開麥克風，將身子往前探過去，以自己的步調從容大聲說話。

前面提到的軟銀集團創辦人孫正義，也一樣不會硬是配合對方的說話速度。當對方不再提問之後，他就不慌不忙的留段空檔，再切換步調。

接下來就以世界盃足球賽為例，看看英文溝通是怎麼回事。

國際足球賽由主場賽（國內舉行）和客場賽（國外舉行）所組成，以兩場比賽結果的總分決定勝負。高盛前主管和孫正義的比賽戰術概念，就是在客場賽上必須以對方的步調，傾聽對方說話，拿到平手，再於自己說話的主場賽取得勝利。要辦到這一點，就要有高程度的聽力，無論對方說得再快也可以理解。此外還要有意見表達能力、邏輯力和作文能力，能夠明確擁有自己的主張，並瞬間組成有邏輯的架構，簡單表達出來。最後則是要有強大的心智，才能穩住自己的節奏。

我們應當先意識到無須配合對方的步調，別再追求說英文時要擁有母語人士般的速度感。他們不會在意我們非母語人士的英文是否流暢，比這個更重要的是講話內容有多精彩。假如你的主張有明確的結論和論證，即使你的發音不道地，也有可能在跟母語人士開會時，給他們帶來衝擊。

我們講英文的時候，記得要以自己的步調說話，不要慌張。相信這麼一來就可以從容應對，藉由談話內容製造新的火花。

3 賣弄口才，適得其反

你是否曾經遇到對方喋喋不休，以至於焦躁的向對方抱怨：「你到底想說什麼？從結論開始講啊！」商業場合上最好從結論開始說起，不管什麼語言都一樣。

然而，當外國人用英文說話時，常忍不住叨叨絮絮講了一長串，這不僅會招來聽者不滿：「你到底想表達什麼？」、「就不能快點講結論和根據嗎？」更慘的是，還可能會得到負面評價：「這個人的英文流暢歸流暢，但以商務人士來說不合格。」

提升英文口語能力當然要緊，然而商場上不是讓你露一手，或測試能力有無進步的地方，商業界追求的是盡量簡潔說出結論和根據。這裡要介紹一個簡單易懂的範例。以下是奇異（ＧＥ）前董事長兼ＣＥＯ傑克・威爾許（Jack Welch），接受ＣＮＮ新聞採訪時的事情。

當威爾許聽到採訪者問：「美國該怎麼理解中國的飛躍發展？」他立刻這樣說：「Opportunity.」（那是個機會。）採訪者追問原因後，他就再加上一句話：「Huge market.」（因為市場龐大。）雖然是極為簡單的訊息，但其結論和依據都很明確，直搗問題核心，比冗長的說明，更能留給觀眾強烈的印象。

之後，威爾許因應採訪者的要求補充說明，但就算沒有聽到這一段，也已經知道威爾許想要傳達的事情：儘管中國是大國，卻沒必要覺得受到威脅，龐大市場的出現，對美國企業來說反而是個機會。威爾許開頭短短的兩、三句話，就表達出這些意思。

日文也好，英文也好，或許也有人認為，好口才比較容易表達自己的意見，不過許多情況下，賣弄好口才，反而傳達不出你想要主張的事情，適得其反。你應該要像威爾許的短評一樣，最好精準直接表達自己的想法和理由，如此說服力會大幅提升，也容易留在對方的記憶中。

能夠在日文會話中直接說明結論和論證的人，即使用英文溝通，也多半懂得運用同樣的方式。因此，平常說話的時候也要養成習慣，簡單講出結論和根據，這樣一定會帶來好影響。

4 遇到開放式問題，用封閉式方法回答

溝通的關鍵是結論和根據。知識和資訊是為了導出結論，或是為了佐證論點。假如沒有結論，單純用自己擁有的知識和資訊說話，就會模糊溝通的焦點，讓他人不曉得你在說什麼。

要做到淺顯易懂又具有說服力，就要先決定結論，再用簡單的表達方式，簡潔歸納並補強依據。

我們會忍不住將尊敬的眼光，投向英文很好的日本主管和同事，然而對國外的同事們來說，我們不是母語人士的事情既不會改變，英文的流暢度也不是重點。我們所要重視的是結論和根據。實際上，高盛也好，麥肯

錫也好，擁有好的邏輯，並以簡單的表達方式來簡潔說話的主管，更受到公司內部尊敬。

改用封閉式問題思考，回答就有說服力

我在哈佛留學時，同學曾經問我關於日本首相的事情。就算不是正式討論會，話題也往往會演變成，問我關於日本政治的事情，或是要我提供一點意見。

每逢遇到這種場面，我就會忍不住想到什麼就說什麼，而不是先做結論。諸如我所知道的政策、最近的選舉結果、新聞節目當中看到的醜聞……假如沒有從結論說起，話題就會不斷延續下去。

既然英文不是母語，詞彙量就相對懂得較少，用得出來的表達方式也有限。沒多久當手邊的知識見底，詞窮到說不出話來，就會不自覺講什

麼：「I'm sorry. My English is still not good. I have to learn English.」就算慌忙翻字典查單字，最後也只能硬生生的結束話題。

不過有一天，我意外發現應對方法。起因是同學問我：「你喜歡現在的首相嗎？」這種可以回答 yes 或 no 的封閉式問題，對我來說輕而易舉，於是就很自然的回：「現在的首相？我喜歡啊。因為……。」因為是封閉式問題，可以馬上先得出結論，其次再從手邊的知識中，尋找足夠的證據支持結論，這樣就能回答問題了。

假如遇到「你怎麼看現在的首相？」的開放式問題時，就要先做結論，「我喜歡現在的首相」、「我反對他的政策」、「現在的首相非常強而有力」，什麼都可以。接著繼續說明原因，這時只要增添自己所知的資訊就行了。既然已經有結論，就只需以最低限度、足以支持結論的資訊充實內容，再用最小程度的詞彙和簡單的邏輯傳達即可。因為結論和根據很明確，所以就算簡短回答，也具有說服力和威信。

遇到不能用英文單純回答 yes 或 no 的開放式問題時，就先在心中對自己拋出封閉式問題，做出結論。只要養成習慣從結論說起，相信說服力會有所提升。

5 「還好」，最吃虧的一種回答

有些英文表達方式非母語人士經常使用，母語人士卻不用，例如「So-so」（還好）就是其中典型的例子。

以前我也覺得這種表達方式很方便而頻繁使用。然而常說 So-so，很有可能搞壞自己的形象，是個很危險的表達方式。

之前留學時，當地的朋友邀我吃飯，問我味道怎麼樣，我就回答：「So-so.」之後又被問到相同問題時也這樣回答，不料卻被朋友吐槽：「你總是說 So-so，到底是好吃還是難吃？」讓我瞬間呆滯。

母語人士很少說 So-so。例如有人問起咖啡的味道：「How is the taste

of this coffee?」這種時候他們會說「It's not bad.」（還不錯。）或是「It is a reasonable quality coffee.」（咖啡的品質不錯。）

So-so 聽在母語人士耳裡，與其說是「還好」，不如更接近無所謂和不在乎。在日本，別人問起什麼事情，或問到好惡時，就算沒有明確回答，話題也可以繼續下去，於是就很常用還好來搪塞。

假如別人用英文詢問咖啡的味道，或許這種回應尚在可接受範圍，然而，要是在商場上都這樣答覆，就會喪失個人信用。所以平常就該明確說出 yes、no 和 because，哪怕再小的事情也一樣。雖然我懂想要說 So-so 的心情，但要忍耐，並記得表明意見。仰賴這個詞彙不只會顯得沒主見，也有可能會讓對話接不下去。難得對方都拋出疑問當作話題開端，用 So-so 收尾的話感覺很冷淡，對對方也很失禮。在英文中，沒有比 So-so 還要吃虧的回答了。

我們平常就要勇於絕口不提 So-so，進而鍛鍊表達意見的能力。再小的事情也要記得明確說出自己的主張。只要好好回答別人的問題，日積月累下來，你的意見就會更強而有力，提升你的形象。

6 一對一交談，你得贏在氣場

一個人要是對英文沒自信，往往就會小聲咕噥。然而，這種說話方式只適用於一對一交談時。商場上多半會有好幾個人參與談話，即使是一對一交談，也要用周圍的人也能聽到的聲音，大聲從容說話會比較能傳達意思，對方也較容易聽見。

高盛的某個前輩跟公司裡的人通電話時，幾乎都用免持電話，因為這樣他就可以一邊做其他事情，同時跟對方交談。這時聽筒會離嘴邊很遠，需要大聲說話。當時前輩的樣子讓我印象深刻，因為他以響徹整個樓層的音量在談話。

假如能像這樣，即使是一對一交談，也以周圍的人都聽得到的音量說話，在商場上就能給人一種強而有力的氣場。我主持的 Veritas English 課程當中，學員也要在練習說話的同時，盡量放開聲音，眼神也要跟發問者以外的人交流。

學員跟好幾個人討論時，往往只會將目光盯著發問者，小聲說話。這種時候，講師和負責發問的學員，就會在距離較遠的地方拋出疑問，或是在討論桌的周圍繞來繞去，一邊說話。這樣回話者的眼神就能分配到各個地方，同時大聲從容回答，讓大家都聽得見。熟能生巧之後，就可以在跟所有人眼神交流的同時，大聲從容回答了。

7 平日就要多練習用非母語交談

初中級者若想提升英文口說能力，一對一的英文會話課程是不錯的選擇。這時要將重點放在體驗溝通的樂趣上。說不好也沒關係，總之先開口，體會交流的樂趣。

如果是一對一，就可以用姿勢和表情，彌補邏輯能力和英文表達能力的不足。假如對方是母語人士，當我們詞窮說不出話時，他們有時也會幫忙解圍。

接著要學會商場上用得到的英文，所以不能過於依賴肢體語言、表情或對方的幫忙。體驗交流樂趣的階段一過，就需要能說出完整句子。例如電話會議中，點頭示意、姿勢和表情，這些對方都看不到，當自己詞窮說不出話時，對方也不太清楚我方的情況，無法像面對面一樣，猜測我方的意圖。講電話時對方會專心聽到你講完為止，換句話說，電話會議更需要你有能力用完整的句子交談。

破英文只適用於一對一交談，要是不能在會議和其他商務場合上用完整句子說話，就無法靠英文工作了。

只要互相練習英文會話，就能講出完整句子

要訓練用完整句子說話，我會建議非母語人士互相用英文練習對話。為什麼？因為跟母語人士交談，當我方詞窮說不出話時，對方多半會在後面補上應當接續的詞彙。這樣不管時間過得再久，我們也會依賴對方，而無法順利說出完整的英文句子。

反觀非母語人士互相用英文交談的話，大家就會靜靜等發言者說完。其他人也會因拚命思考自己接下來要說什麼，而沒有餘力幫忙，何況他們也沒有自信能填補對方英文的缺漏。正因如此，才可以練習用完整的句子講到最後。附帶一提，這項練習還有一個好處，就是克服在非母語人士面前說英文。商場上，有時必須有人代表團隊發言，這時就一定要在同事面前自信的講英文。

假如得到用英文溝通的樂趣，接下來就要記得用完整的句子表達。這時也需要腳踏實地，事先將自己該說的話寫在紙上歸納一次，直到熟練為止，然後再試著營造練習情境，用英文跟朋友交談。

8 敬語的正確使用方式

英文也有很多向對方展現敬意，或是鄭重告知的表達方式。以下將介紹幾個在商務領域當中管用的基本功。

1. 反對對方的意見時，也不要全盤否定

要向對方提出異議時，不管什麼語言，都不要直接表達出來，被他人當面否定自己的意見，任誰都會心情不好。「I disagree with you.」（我反對你的意見），假如直接這樣說，即使對方為人敦厚，內心也會發火。

跟我共事的主管和前輩在反對對方的意見時，會用以下說話方式：

「I understand what you mean. But I don't agree with you.」（我明白你的意思，但是我不同意你的看法。）雖然也是反對，但在否定之前單單加一句「我非常明白你的觀點」，就會緩和一觸即發的氣氛。

為了表示自己非常理解對方的主張，首先需要仔細傾聽。只要這麼做，對方就會知道自己受到尊重、沒被忽視，就算在之後提出異議，也能做出建設性的討論。

2. Please 並非萬能

要拜託任何人的時候，不管什麼語言，都該向對方表達敬意，以真摯的心情，鄭重傳達。而我們往往容易太過依賴 Please。在 Veritas English 的課程中，只要叫學員寫作文，就看得出他們經常使用 Please，其中最需要注意的是「Please＋動詞」。為什麼?因為這充其量只是在祈使句當中加上 Please，其中命令的意思並沒有改變。

比方說，假設客戶寄了這封電子郵件：「Please get back to me by tomorrow morning.」（請在明早之前給我答覆。）乍看之下或許很鄭重、誠懇，不過在母語人士眼中，上述語句給人的印象，與其說是有事相求，不如說更接近於命令。假如對方跟自己不親近，最好避免這種表達方式。

工作上有事想請求對方幫忙時，不妨活用假設語氣（使用 would 或 could）：「If you could get back to me by tomorrow morning, it would be greatly appreciated.」（假如你能在明天早上之前給我答覆，我會感激不盡。）這種說法好用又方便，背起來想必不吃虧。

3. 拒絕自視甚高的意見

假如在議論時意見分歧，有時就會忍不住想要強烈主張自己的意見才是對的。然而，商場上議論的目的在於指引出最好的辦法，取得共識。即使贏了議論、滿足自尊心，也無法解決問題。

有時即使主張同樣的內容，也應抱持著「還有這種觀點」的心態，更能讓討論有建設性。將對錯先擱在一旁，你需要指出不同的角度，藉此開拓參加者的視野。

實際常用的片語如下：

「It seems to me that～.」（我認為～。）

「In my opinion,～.」（依我之見～。）

「If you asked me, I would say～.」（假如你問我的話，我會說～。）

只要將這些表達方式當作開場白，自我主張感就會減弱，周圍的人也比較聽得進去。

9 想學好外語，你得翻破字典

一旦英語學到中級程度，就算不翻閱字典也能懂得意思，有時即使出現不懂的單字，只要能掌握整體論點的話，一般都不會想去查字典。不過，假如想要往上提升能力，即使麻煩，也該耐著性子繼續查字典。

有一種學術領域叫做第二語言習得（Second-language acquisition）。這項學術領域研究是指學習母語，和學習第二語言的方法不一樣。儘管學說眾說紛紜，但無論哪個學說都有一個共同點，那就是要讓第二語言進步，就少不了一定的輸入和輸出，其中不可或缺的就是大量輸入。

但是，這並不代表英文就是要多讀多聽。理解不夠充分，就算多讀多聽也不會留下結果。當不了解意思時，即使聽了再多用英文唱的西洋歌曲也不會有效。要查字典核對發音，了解意思才算真正學會，多讀和多聽也才會有意義。

外語學習當中的字彙學習，就像學騎腳踏車，而查字典如同腳踏車的踏板。既然要騎腳踏車，就不能停下查字典的手，一旦停下就會失去平衡摔倒在地。出現不懂的單字就要查字典，外語才能進步。

要核對發音、重音的位置

聽說我在高盛任職時的主管，學習英文時手邊常放著字典，翻到封面都破破爛爛的。

前主管會用簡單的單字和簡潔的表達方式，傳達自己的看法。另一方面，他主動用字典查單字，就能奠定基礎，以強化閱讀能力和聽力。即使自己不用費解的單字和表達方式，不代表其他人不會穿插使用艱澀詞彙。為了要在當下立刻掌握字義，就少不了利用字典所淬鍊出來的字彙能力。

假如出現不知道的單字，就要先查字義，且要查證好幾個意思。其次是核對發音，這時要掌握重音的位置及重音在母音時的發音。

自己在唸單字時，要是重音位置不對，聽起來就會像不同的單字，沒辦法傳達給母語人士；另外，在重音位置的母音，則可以大聲發出來。現在還有字典 App，可以反覆重播聲音，靠耳朵重新核對發音和重音位置。

一直查字典很麻煩，但若想讓英文進步，就少不了這個步驟。為了能在商場上運用英文，好好翻閱字典才是捷徑。

10 別在「空檔時間」學英文

社會上充斥著運用空檔高效學習的技巧。然而，即使用零碎時間學英文，也不會學得好。

學習法律和會計的知識時，我們不是都會選擇跨校雙主修，或是在念完大學後，上法學院或專科學校嗎？這是因為，這些科目都必須花時間好好專心用功。而當改為學英文時，大家往往就會突然認為，要用空檔時間高效學習。

的確，在忙碌的每一天，如何活用閒暇時間很重要。商務人士平日白天都塞滿工作，再加上通勤時間，有時也會因為加班而晚歸。如何確保學習時間，是我們共同的課題。

我在高盛一邊工作，同時為了留學念MBA而用功學習英文時，也深刻感受到這一點。當時撥不出學習時間讓我心急如焚，連空閒時間都用上了，而我也是那個時候才體會到，運用空檔所能做的事情很有限。

假設每天花五分鐘背英文單字。一天背三個，每天不眠不休持續一年，就有一千零九十五個。雖然看起來很多，但要複習背過的，並再背誦忘記的，以及了解單字的意思，奠定根基到能實際運用，算起來除了這五分鐘的空檔之外，還需要其他時間。持續三天只學習五分鐘，會發現之前的單字都記不得，反而拿不出成果，導致很難繼續下去，結果半途而廢。

假如要認真學習英文，首先就要確保有大量完整的時段，並設置一段期間，例如用三個月至六個月來提升能力，專心努力達成目標。「等這個專案告一段落之後」、「假如有時間的話」，這樣永遠沒辦法達成目標。

就如前面所言，我也曾經試著利用空檔來念書。不過，自從知道利用閒暇時間也沒辦法提升英文能力之後，我就把學習英文的優先順序，抬高到跟工作同等程度。平日晚上結束工作後，我會窩在公司的會議室裡，花一小時專心用功，就像是工作一樣，努力學習英文。

我藉由這個方式，每天花完整的時間用功讀英文。養成習慣後，就把學習地點換到辦公室附近的咖啡簡餐店，因為是離公司不遠的地方，情緒上還會是工作模式，於是我就照這樣的步驟專心用功。

這樣的方法奏效了，我可以穩定確保念書的時間。只要將學習英文當成工作，就可以一口氣提升英文水準。我就這樣一面上班，一面準備自費留學。能在家好好空出時間持續學習的人，在家裡學習就好。反觀，如果覺得自己一回到家就容易放鬆，我的方法或許會適合你。

念書的地點不妨選在自己喜歡的地方，但還是要先更重視學習英文這件事，並確保有完整的時間。掌握這一點之後，再接著努力看看，這樣應該會比單純依靠空檔時間，更能明顯感受到學習成果。

Chapter 5

打開菁英的履歷表

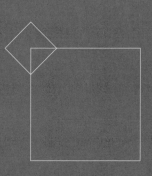

1 一定要以「主動語態」撰寫

想要跳槽到跨國公司時，對方會要求應徵者提交英文履歷表。

我的學員經常要我幫忙看履歷表，並徵求我的個人意見，這時我發現，很多人都以被動語態撰寫文章。

提交英文履歷表時，被動式常會被認為缺少自我意志，非但不會給人客氣謙虛的印象，評價還可能下滑。

我們來看看以下的例子：

I was transferred from the marketing department to the finance department.

（我被公司從行銷部調到財務部了。）

I was relocated from the Tokyo office to the Singapore office.（我被公司從東京轉調到新加坡了。）

I was appointed as the leader of the planning group.（我被任命為企劃組組長。）

為什麼我們用英文時，會忍不住用被動語態？詢問想要跳槽的人後發現，大致可分為兩種原因。

首先，就算是本人提出的要求，但最後的異動和調職，要由人事部或主管決定，所以就誠實寫出來了。另一個原因是，由第三者決定人事異動和被賦予要職，這件事本身就讓人自豪。這種人多半強烈認為，自己在眾多同事當中被提拔，而不是單純的人事異動。

不過，英文就算用被動語態，也表達不出「被人讚譽」、「被周圍人推薦」的意思。更何況，從外國人的眼光來看，被動語態的文章，會給人一種受制於人的強烈感覺，因此，我會勸來徵求我建議的人，改用主動語態。例如：

I joined the finance department.（我調到財務部了。）

I moved from the Tokyo office to the Singapore office.（我從東京轉調到新加坡了。）

I became the leader of the planning group.（我成為企劃組組長。）

這種表達方式，透露出我是以自己的意志，接受轉調和職責，能給閱覽人積極向前、更上一層樓的印象。撰寫英文履歷表時，無須太在意被任命和被提拔。就算是人事部或主管任命，照理說，最後也是自己決定要就任新職，只要寫出這個事實就好。

附帶一提，假如想要利用履歷表給人好印象、獲得高評價，除了以主動語態撰寫之外，也可以特別另外寫明想要被評量的事項。例如，你想要特別強調，我是被周圍的人讚譽到足以被提拔的人才，就要盡可能找出輝煌的實際成績，添加在文章中。這麼一來，你想要強調的地方就會直接傳達給閱覽人。

無論有沒有必要撰寫英文履歷表，都要記得運用主動語態，也就是認知到，職涯是由自己打造的這一觀點。這點無論在哪個職場環境中都用得到，之後的章節也會看到這項觀念。

2 我在麥肯錫學到的三大自薦法

履歷表以主動語態撰寫後，就能給人正面的印象。其實以主動語態思考和撰寫還有一個好處，那就是自己心中會意識到職涯不是別人所賦予，而要由自己積極規畫。

公司最重視的就是團隊合作，並要求大家拿出成果。因此，即使是優秀人才，也不一定能隨心所欲工作，有時會遇到不合己意的人事異動，有時也必須自己承擔沉重的職責。我們這些商務人士就算內心覺得不如意，也有不少人認為「既然是工作就加油吧」，於是遵從公司指示。

我們在社會中學到一件重要的事，那就是不管在什麼場所，都會完成自己的職務，善盡自己的職責。另一方面，國際企業集結多國籍、多人種，成長文化和背景相異的人才，也有許多擁有強烈自我主張的同事，要是一味的堅持遵從公司指示，很有可能不會被託付能發揮自己能力的工作。我們擁有能力和幹勁，能在任何場合發揮最大的表現，卻得不到出場機會，實在很可惜。

既然機會難得，就不該只是在特定職位，你還要積極出擊，好讓主管指派你做自己想做的工作。自己主動出擊、規畫自身職涯的思考和行動力，可說是必備能力。

技能熱情不可少，還要實踐「三大自薦法」

那麼，在國際環境工作的人，要怎麼具體主動出擊？這裡會介紹麥肯錫同事和我自己實踐過的方法。並不困難，人人都可以仿效。

在麥肯錫常會輪到要做為期三個月的專案，專案結束後就會聽聞下一個專案的資訊。這時，員工會事先向負責跟客戶牽線的專案領袖自薦，這在麥肯錫很常見。每個人都積極推銷自己，加入想要的專案。

下一個專案的負責人，從專案正式開始之前就會思考，什麼樣的團隊最好、該讓誰加入。為了讓專案成功，要事先衡量成員能力，要是等到目前的專案結束後再從頭考量，時間就會不夠。

你只要想像一下負責人的立場，就會明白他想要什麼樣的成員。與其選擇有能力卻對該專案不感興趣的人，還不如選擇能力和經驗雖然差一點，卻充滿幹勁和熱情的人。

當初我進入麥肯錫時，就自薦自己有在高盛擔任併購案顧問業務的經驗，好讓負責人指派自己加入併購案的專案。之後還憑藉著自己精通金融，向負責人毛遂自薦，因此得以負責金融機構的策略案件和組織案件，逐步擴展顧問的範圍。

想獲得專案指派，有兩項要素，那就是技能和熱情，而要向周圍宣傳這兩者，則有三個訣竅：

1. 推銷自己，讓別人知道

公司裡有很多名字和臉對不上的人。要獲選為專案成員，就必須先讓對方知道自己。我們要試著在想要共事的人所待的部門露面，邀請還沒有一起工作過的人吃午餐、交換資訊等。

當我想要經辦國外案件時，就會去國外辦公室的同事會出席的會議上發言，或是在之後一起去吃飯，套好交情。首先要記得推銷自己，好讓自己從眾人當中脫穎而出。

2. 製作個人履歷表，傳授自己擁有的技能和經驗

即使獲得專案指派，但若不能對團隊有所貢獻，便沒有意義。這時當

然就需要設法傳授自己擁有的技能和經驗。

我會製作公司內部用的個人履歷表，列出過去曾參加過的專案，以及自己完成的任務。只要事先彙整一次，就可以用口頭簡單傳達，還可以配合需求用電子郵件寄送。

自己擅長的業務和領域是什麼？現在什麼樣的工作能對團隊有所貢獻？要是沒有釐清這些問題，就無法傳授給別人。我建議一邊盤點自身技能或經驗，預先製作個人履歷表，且別忘了要定期更新。

3. 率直傳達熱情和心意

最後的關鍵還是在熱情。就如前面提過的一樣，站在專案主持人的立場來看，就會選經驗尚淺，但有幹勁和積極的人為專案成員。無須顧忌，你要屢次拜會負責人和關鍵人物，率直傳達自身想參與專案的意願。

關鍵在於，要意識到自己的職涯由自己決定這件事，並積極行動，雖然不見得每次都能如意，這時就要規畫中長期目標，同時全神貫注在眼前被賦予的工作上。你的熱情總有一天會讓人看見，所擁有的技能也一定能在某天派上用場。

3

誰說學歷不重要

一般人常說日本社會偏重學歷，其實不只日本，國外也很重視學歷，或者說，國外非常重視學歷。

比方說，跨國公司設有工商管理碩士（ＭＢＡ）錄用名額。姑且不論ＭＢＡ在實際的商務現場中是否有用，根據不同學歷，而擁有不同的職涯路徑（career path），可說是再正常不過。國外雖然有程度差別，但會配合學歷設置特殊名額，或是具有不同的評估標準。

我們的能力和幹勁理應獲得讚揚，團隊當中的貢獻程度、團隊合作精神、即使面對困難也勇於挑戰的冒險精神、身先士卒的領導能力，以及最重要的倫理觀，這些都是與同事和顧客建立信賴關係的必備要素。然而，除了這些以外，也很看重學歷。

在感嘆社會偏重學歷之前，你應該要先思考，在這種環境下自己要怎麼做，並積極面對現況。

要是學得不夠，就要自己去爭取受教機會

美國跟日本一樣，但美國的制度跟日本有一個很大的不同，那就是不管幾歲都可以重新學習。

在美國，假如覺得自己能力有所不足，想要重新學習，有些人會辭掉工作去取得碩士學位，也有些人會像ＭＢＡ在職專班一樣，活用平日的晚上和週末，花兩、三年半工半讀取得ＭＢＡ。美國的風氣是會在背後支援重新學習的人，也有環境能讓這樣的人獲得讚揚。

跟學生時代不同，出社會之後，是憑著自我意志察覺到自己想學之事，所以會受益良多，我也是親身體會到這一點的人。雖然剛畢業就在外資投資銀行上班，但在看到優秀的同期和前輩之後，就深切感受到自己要學的還有很多。

因此，就算要稍微繞遠路，我還是覺得辭掉工作、重新學習會比較好。於是我一邊工作一邊準備留學，進入公司第五年後，就離職前往哈佛自費留學。因為有自發性的學習意願，所以投入學習的程度，跟在日本讀大學時完全不能比。

哈佛同學的經歷五花八門。諸如前美國海軍旗下的 F15 戰鬥機飛行員、二十幾歲就讓自己創立的新創企業上市的德國企業家、擔任國家籃球代表選手的非裔前運動員，無論是背景或年齡都不同。看著他們，就會覺得不管幾歲，都可以回到學校的環境真好。

就算感嘆求學時自己學得還不夠，或是社會偏重學歷，也解決不了任何問題。關鍵在於積極面對，假如真的覺得自己學得還不夠，就要自己去進修。只要懷著這種想法，就連面對工作的態度也會出現變化吧。

4 但，學歷不等於學校名

前面談到日本和美國同樣重視學歷，只不過美國不同的點在於，營造出隨時都可以重新學習的環境。

除此之外，還有一處不同，那就是美國重視的不是學校名，而是學了什麼。每所學校擅長的領域不同，壁壘分明。就算只看商學院，每所學校也都有各自的強項。例如，西北大學凱洛格管理學院（Kellogg School of Management at Northwestern University）的強項是行銷學；賓州大學華頓商學院（Wharton School of the University of Pennsylvania）的強項是財政學；巴布森學院（Babson College）看重企業家教育和鼓勵學生創業；哈佛商學院則在領導力教育的領域中獲得相當高的評價。

每所學校的教授陣容各有強項，不只是重視學校的知名度，關鍵在於那裡傳授什麼，能夠學到什麼。

受過良好教育之人的共同點

英文當中沒有一種表達方式，等同於日文的學歷高。

雖然 academic history 是指學術史，卻不會看到有人說「你擁有出色的 academic history」。

跟學歷有關的常見詞彙是 well-educated，意思是「接受良好而扎實的教育」。光看這種表達方式，就可以想像英文環境當中重視的是所學內容，而非學校名稱。

受過良好而扎實的教育的人有個共同點，就是很有自己的意見。

就如本書屢次提到的一樣，意見就是有根據的結論。這項結論和根據，顯示出自身在學校或職場上學過的知識及過去的經驗。結論和根據的深度與廣度，會因各自的學問而有所變化。

受良好教育的人就算在專業領域外，也會擁有屬於自己的見解，做出有憑有據的結論。儘管專業領域之外的結論，有時會淪為假設，不過這些人無論遇到什麼話題，都可以導出有憑據的結論。從各種角度掌握事物以導出結論的觀點、支持結論的邏輯建構方式、活用資訊和知識變成論證的方法，正因為身懷這些技能，所以無論在什麼情況下，這些人都可以擁有屬於自己的一番意見。

這麼一想就會明白，學歷果然不是academic history，更不是成績排名，而是自己主動出擊，自行吸收累積的學問，而這個學問將會轉化為發表意見時的能力。

5 嫉妒同事升遷，只會凸顯自己幼稚

「棒子不打出頭鳥」，想必任誰都嚮往這種環境，且應該也有不少人希望能在這種環境下工作。

有能力的人會不斷發揮實力，逐漸成長。他們懂得打從心底聲援挑戰不同事物的人，還能貫徹個人信念，而不是追求跟大家一樣。

不過，現實中，棒子不打出頭鳥並非易事，因為大家都會嫉妒。嫉妒會讓人產生想要把優秀的人拉下來的情緒，最終刁難優秀的人，而不是稱讚對方。我有時也會為這樣的情感所困擾。

以前，我曾經嫉妒哈佛商學院同屆的印度裔美國友人。那是他來到東京，久別重逢時的事情。

重逢時的他變了很多。據說他創辦的事業很成功，現在以個人投資客的身分，進行幾億日圓起跳的創業投資。我們熱烈聊起他來到日本時剛創辦的電子商務，他也順便跟我商量尋找日本商務夥伴的事情。從那之後過了三年，現在的他充滿自信，我開始嫉妒起他。至今我仍然記得，在跟他道別之後，我察覺到這種負面情感，並羞愧於自己器量狹小。

另一方面，也有人善於控制嫉妒的情緒。我以前在哈佛遇到的同學就是如此，他們會稱讚優秀的人，擁有互助支持的精神，絕不刻意打擊優秀之人。

我班上的同學都很有才華，而且競爭心都很強，原本我還以為會看到他們彼此嫉妒，一有機會就貶低或把對方拉下來，然而進入哈佛商學院就讀後，我發現實際情況跟我想像中的不太一樣，他們完全沒有這類的情緒與行為。哈佛商學院除了優秀人才以外，也有很多家世顯赫的學生，還有學生的家庭極為富裕或者出身皇室，或許是因為這些環境背景，要嫉妒起來會沒完沒了，我的同學們通常都會直接讚揚他人。

這是微軟共同創辦人比爾．蓋茲（Bill Gates），在哈佛大學畢業典禮上，登臺演講時的事。

長年穩坐世界富豪排名龍頭的比爾．蓋茲，將大半個人資產投入比爾及梅琳達．蓋茲基金會（Bill & Melinda Gates Foundation），積極投入慈善活動。比爾．蓋茲在當時的演講中，介紹基金會的活動，致力於消除世界的不平等，尋求哈佛相關人士的贊同。

我當初對這場演講不怎麼感動。成功人士熱心於慈善活動，在美國並不罕見。雖說將大半個人資產捐贈給基金會，手邊依然維持足以讓自己過著富裕生活的資產，擁有財富的比爾．蓋茲說著「想要縮減貧富差距」的模樣，也可以視為不平等的象徵，聽到中途我甚至覺得很掃興。

然而聽眾對他的演講倒是興致勃勃。哈佛的教授、學生、家長和畢業生，打從心底讚賞比爾・蓋茲的領導能力及其活動，以拍手喝采的方式稱頌，跟我這個既嫉妒，又無法坦率聆聽比爾・蓋茲演講的人互為對比。

我在高盛或麥肯錫工作時，幾乎沒有人會嫉妒。他們追求公平競爭，因此，很少有人會批判升遷的人，也會讓優秀的人大顯身手。當然也有人工作不如意，既焦急又後悔，但他們會藉由跟夥伴切磋琢磨，以此將嫉妒的情緒昇華為自我激勵。

拿別人跟自己比是沒有意義的，就算眼紅別人，也不能改變自己的狀況，察覺到這一點，是跨越嫉妒心的第一步。我本人還不夠成熟，然而當自己出現這種情感時，則會先接受這個情緒，並專注在自己做得到的事情上，如此比較能轉換心情。

自己在挑戰的同時，也要有發自內心聲援他人的心，為周圍升遷的夥伴加油。我們所嚮往的「棒子不打出頭鳥」環境，要由我們每個人微小的變化營造出來。

6 動不動就怪學校教育的人，不會成長

哈佛商學院裡有不同人種、國籍和宗教的學生。國情和個性也不同，即使都用英語表達，每個人也有所差異。在擁有強烈個性的同學當中，包含我在內的日本人，都深切感受到發揮自身價值的重要。

有一次，我跟一個會積極發言的印度同學聊天，「日本的教育以背誦居多，很少有機會在別人面前發言。」他聽了我抱怨上課發言很困難之後，就回答：「日本的教育系統是這樣的嗎？你們還真辛苦。」得到他的同情的瞬間，我愣住了。我向他抱怨自己的國家有什麼用？明明應該要宣揚母國好的一面才對，真是沒出息。

以前跟法國同學聊天時，我向她感嘆日本英文教育偏重文法，跟她商量口語能力停滯不前的問題。結果她回答：「法國的教育也偏重文法，不過我是靠自己設法提高口語能力的。」她的心態很積極，認為有不足的地方，要自己解決，讓我這個把自己沒有英文能力，歸咎於國家教育的人感到羞愧。

以前我跟一個中國同學有過這樣的對話。當時我批判中國政府的資訊操弄，問他對這件事有什麼看法，他就笑著回答：「我時常對政府提供的資訊，抱持懷疑的態度。」他的意見讓我認知到自己欠缺的獨立心。

日本是個富庶的國家，擁有縝密的公共交通網，列車誤點也沒有國外那麼頻繁，教育系統更是規畫完善，所以我們過於仰賴國家，在每個層面上都是「和平痴呆」，認為電車準時來是理所當然，讓人受教育是應該的。誤以為國家該為我們準備一切，要是有不足之處就都怪罪於國家。

國際環境中，別國的人要是有不足之處，就會自己去爭取，在自己的能力範圍內下工夫。這讓我明白，就算在教育中，也必須主動出擊。仔細想想，江戶時代要學習英文或荷蘭文，也不是仰賴國家的教育制度，而是自行訂購書籍，或是個別找老師學習。

現狀有不足之處並非國家的過失，一切都取決於自己。

後記

你和麥肯錫菁英的差別，只有一％

我在哈佛商學院留學時，屢次都會遇到這樣的光景，那就是我跟同學吃飯時，他們都會吃剩，當時我堅決的對他們說：「東西沒吃完太可惜了。」我還沒留學之前，絕不是會責怪將餐點吃剩的人。然而即使是這樣的我，看到外國同學滿不在乎的吃剩食物，我還是覺得哪裡不對。

他們聽了我的指正後回答：「既然肚子很飽，也沒必要硬吃吧？」這我當然能理解。但看到食物剩太多，我就忍不住想要說一下。結果他們反而說：「反正又不是很貴，只要沒浪費太多不就好了嗎？」、「又沒有困擾到任何人，要不要白花錢是我的自由吧？」、「我又不缺錢。反正還有錢買明天的飯菜，吃剩也沒關係吧？」聽到這樣的意見後，我就向他們解釋，為什麼自己覺得很可惜。當時還和他們熱烈談論日本人的美德和觀念。

要用英文表達日文的「很可惜」，並非易事。

假如從很可惜的概念，聯想到形容浪費的說法，像是浪費金錢和時間的話，就會翻譯成「waste of money, time, and resources」。然而，日文的很可惜所要表達的意思，不只是單純字面上的浪費，背後含意是：堅持減少浪費，有效活用物品和資源，發揮物品最大的效用和成果，並感謝環境和周圍提供的物品及資源，其中包含了謙虛的態度和意識。假如要說得更深入一點，我認為其中潛藏著日本人的美德，就如「侘寂」這個詞所表達的一樣，避免過度奢侈，讚揚簡樸非物質的豐足。

豐田汽車的即時生產方式（按：減少生產過程中的庫存和相關的順帶成本，改善商業投資回報的管理策略），也是哈佛商學院相當矚目的方法，這是體現日本企業強大的實例之一。我認為正是因為豐田生產方式的背後，有著很可惜這種日本人的美德，這間公司才會成為世界第一汽車大廠。

然而我曾經心懷疑惑：「為什麼自己該以縱橫國際為目標？」、「就算不以國際人才為目標，國內的工作也夠值得做了。」、「就算沒有特地學英文，平常職場上溝通也沒有困難。」、「日本餐點美味、治安良好、環境宜人，沒有必要放眼國外。」

當我心中浮現這種感覺時，腦海裡想到的是，縱橫世界舞臺的日本商務人士前輩，指摘我很可惜的樣子。因為我們的強項，在於將賦予的物品和資源有效活用到極致。

我認為就如這本書所言，世界頂尖人士和我們這些商務人士的差距，只有區區一%，是否該努力彌補，取決於我們每個人。假如本書能成為轉機，讓我們這些大材小用、很可惜的商務人士改變自己，那身為筆者的我將會非常高興。

訪日外國旅客持續增加，日本放寬取得工作簽證的條件，積極錄用具備高技能的外國人。就算沒有出國，我們日本商務人士工作的地方，也將不再是以往的同性質環境，跟不同類型人才交際的機會正在逐漸增加。另外，除了推動在家工作、彈性工時制度外，統一就業地點和時間的職場也在減少，隨著就業者的性別和年齡多樣化，職場逐漸改變。

會議上每個人不一定意見一致，要有表達自己意見的能力、明確主張自己的想法。跟不同類型的成員個性不合，要秉持合作的態度，朝共同目標前進。跟各種人士交往時，要有自信表現出自己的才能，最後還要有強烈意志，靠自己積極規畫職涯。我認為本書涉及的要點，無論你有沒有意願在國際上大展長才，對於我們這些商務人士來說都很重要。

我在校正本書的過程中，反覆閱讀內文好幾次，同時想起「獨立自尊」這個詞。獨立自尊的意思是：維護自我和他人的尊嚴，任何事情都要根據自己的判斷和責任施行，這句話刊登在慶應義塾大學網站上。慶應義塾大學的創辦人為福澤諭吉，是一名日本近代啟蒙思想家，從幕末活躍到明治，我認為他這句話，也預見了今後日本的職場環境將會有所變化。

敝公司的外國人比例超過五〇%。每天跟不同類型的夥伴開心合作，同時開創社會所需要的組織和服務，這是敝公司的目標。這本書介紹了從許多人身上學到的事情，包括以前關照過我的前主管、前輩、同事、留學時的同學和恩師。請容我再次藉這個機會，致上感謝的心意。非常謝謝大家。Veritas English 事務所的各位夥伴、學員和畢業生，我也要藉這個機會表達感激，非常謝謝你們。最後我要感謝妻子和女兒，總是在我執筆時幫忙加油打氣，非常謝謝妳們。

國家圖書館出版品預行編目（CIP）資料

你和麥肯錫菁英的差別，只有 1 %：我在高盛、麥肯錫、哈佛學到的，「不用做到死也能被看見」的菁英工作法。／戶塚隆將著；李友君譯. -- 初版. -- 臺北市：大是文化有限公司，2021.05
192 面；14.8×21 公分. --（Biz；355）
譯自：1%の違い世界のエリートが大事にする「基本の先」には何があるのか？
ISBN 978-986-5548-37-7（平裝）

1. 職場成功法　2. 生活指導

494.35　　109021188

Biz 355

你和麥肯錫菁英的差別，只有 1 %

我在高盛、麥肯錫、哈佛學到的，「不用做到死也能被看見」的菁英工作法。

作　　者／戶塚隆將
譯　　者／李友君
日文原書編輯協力／橫山瑠美
責任編輯／林盈廷
校對編輯／張慈婷
副 主 編／馬祥芬
副總編輯／顏惠君
總 編 輯／吳依瑋
發 行 人／徐仲秋
會　　計／許鳳雪、陳嬅娟
版權專員／劉宗德
版權經理／郝麗珍
行銷企劃／徐千晴、周以婷
業務助理／王德渝
業務專員／馬絮盈、留婉茹
業務經理／林裕安
總 經 理／陳絜吾

出 版 者／大是文化有限公司
臺北市 100 衡陽路 7 號 8 樓
編輯部電話：（02）23757911
購書相關資訊請洽：（02）23757911 分機 122
24 小時讀者服務傳真：（02）23756999
讀者服務E-mail：haom@ms28.hinet.net
郵政劃撥帳號 19983366　戶名／大是文化有限公司

法律顧問／永然聯合法律事務所
香港發行／豐達出版發行有限公司 Rich Publishing & Distribut Ltd
地址：香港柴灣永泰道 70 號柴灣工業城第 2 期 1805 室
Unit 1805, Ph. 2, Chai Wan Ind City, 70 Wing Tai Rd, Chai Wan, Hong Kong
電話：21726513　傳真：21724355
E-mail：cary@subseasy.com.hk

封面設計／林雯瑛
內頁排版／顏麟驊
印　　刷／鴻霖印刷傳媒股份有限公司

出版日期／2021 年 5 月初版
定　　價／新臺幣 340 元（缺頁或裝訂錯誤的書，請寄回更換）
I S B N／978-986-5548-37-7
電子書ISBN／9789865548582（PDF）
9789865548575（EPUB）